人工智能通识课

覃京燕 李卓谦 杜金轩◎编著

化学工业出版社
·北京·

内 容 简 介

本书以清晰的思维脉络与前沿视角，系统梳理人工智能的科技发展，从图灵测试、符号主义、连接主义到大模型时代的演进逻辑，深入浅出地讲清楚“人工智能到底智能在哪里”“大模型为何能突然突破”“AI为何会出错与产生幻觉”等核心问题。通过结合人工智能的真实技术路径与应用场景，打破AI“黑箱神话”，将复杂的AI算法与概念转化为普通读者也能理解的结构化知识，力求避免缺乏价值的AI技术炫技，也同时避免浅尝辄止的AI科普的简单化阐释。

不同于只教工具用法或简单预测未来的AI读物，本书更关注读者最迫切需要解决的现实痛点问题，即如何正确认识 AI、如何掌握使用AI的底层技能、如何判断其能力边界、如何在人机协作时代保持人的主体性。无论是学生、教师、内容创作者，还是企业管理者与普通使用者，本书都将帮助读者建立真正可迁移、可长期使用的 AI 通识认知，在智能浪潮中做出更理性、更自主、更可持续的选择。

图书在版编目(CIP)数据

人工智能通识课 / 覃京燕，李卓谦，杜金轩编著.
北京 : 化学工业出版社，2026. 2. -- ISBN 978-7-122
-49925-7

Ⅰ. TP18

中国国家版本馆CIP数据核字第20265S9W48号

责任编辑：杨　倩　　　封面设计：王晓宇
责任校对：李玉函　　　装帧设计：盟诺文化

出版发行：化学工业出版社（北京市东城区青年湖南街13号　邮政编码100011）
印　　装：天津裕同印刷有限公司
710mm × 1000mm　1/16　印张$11^1/_4$　字数198千字　2026年3月北京第1版第1次印刷

购书咨询：010-64518888　　　售后服务：010-64518899
网　　址：http://www.cip.com.cn
凡购买本书，如有缺损质量问题，本社销售中心负责调换。

定　　价：68.00元

前言

preface

在智能浪潮中，建立每个人都需要的“AI基本判断力”

如果要为当下这个时代挑选一个最具决定性的关键词，“人工智能”无疑位列其中。它不再只是实验室里的研究对象、论文中的算法模型，或工程师之间的技术暗语，而是已经深度嵌入到我们的日常生活、工作与社会运行的基础结构之中，从信息推荐、智能导航、语音交互，到内容生成、科学研究与产业决策，AI正以前所未有的速度重塑着人类的认知方式与行动边界。然而，一个颇具悖论意味的现实是，人工智能越是无处不在，真正理解它的人反而越少。

在公共讨论中，AI常常被极端化地理解，要么被神秘化、拟人化，仿佛已经拥有“意识”“创造力”甚至“自我意志”；要么被简单化、工具化，只被视为又一次自动化升级，与以往的信息技术并无本质区别。这两种理解看似对立，却同样遮蔽了人工智能真正值得被认真理解的地方。

正是在这样的背景下，我们组织编写了《人工智能通识课》这本书。这本书旨在为每一个渴望了解人工智能的人，搭建一座通往理性认知的桥梁。它并非要培养专业的AI工程师，而是希望帮助读者在信息繁杂、观点纷杂的当下，形成对人工智能独立、清晰的判断力，增强对极端的观点的理性判断，拨开表面的现象，获得对人工智能技术影响下的人性洞察、商业洞察与科技洞察。

为什么需要一门“人工智能通识课”？

在我看来，随着人工智能+深度实施计划与新一代人工智能发展规划的深入推进，无论是“AI+”，还是“+AI”的方式，人工智能科学家、人工智能文学家、人工智能艺术家、人工智能生命学家都在21世纪发挥着前所未有的作用，也从科学范式与思维方式等方面影响着我们的生存方式、生活方式与生命范式。人工智能早就已经不再只是工程师的专业技能，而是一种现代社会的基础素养。就像工业时代的人需要理解电力与机械的基本原理，信息时代的人需要理解计算机与互联网一样，智能时代的每一个个体，都有必要建立起对AI的基本认知框架与判断能力。

这种“通识”，并不是要求人人都会写代码、训练模型，而是至少能够回答这样一些关键问题。

• AI到底“智能”在什么层面，它与人类智能的根本差异在哪里？

• 语言如何承载思想并确定多样性思维的边界，大语言大模型为什么会突然崛起，它解决了什么长期未解的问题？

• AI的能力边界在哪里，AI引发的科技伦理如何界定AI的可为与不可为？又为什么会出现“AI幻觉”“AI偏见”和“AI失误”？

• AI如何重塑审美意识，又如何指导AI艺术和人工智能与创新设计？AI的创作究竟是创造，还是统计意义上的重组？

• 在工作、教育、艺术与社会治理中，AI如何形成人机协作和人机社会新契的关系？我们应该如何与AI共生、共处、共赢，而不是被其裹挟？

这些问题，既是技术问题，也是认知问题，更是时代问题。

一本试图“讲清楚，而不是讲简单”的AI入门书

在写作过程中，我们始终坚持一个原则，即通识不等于浅薄，易懂不等于失真。因此，本书并没有回避人工智能背后的关键思想脉络与技术逻辑，而是选择用尽量直观、结构化的方式，将复杂问题“拆开来讲清楚”。

你会在书中看到：从图灵测试出发，回到“如何判断机器是否智能”的元知识与原点问题；从符号主义、连接主义到大语言模型，理解AI历史中一次次范式转换背后的必然性；用“逐层抽象”的方式，解释神经网络、深度学习为何能够处理复杂世界；从数据、训练、对齐与反馈的角度，理解AI能力的来源与局限；在创意、自动化、智能体等热点议题中，区分技术现实与想象的边界。

我们刻意避免把AI描绘成开盲盒式的“黑箱魔法”，也避免把它还原成冰冷的数学公式，而是尝试在工程现实、理论框架与社会影响之间，建立一座可供非专业读者行走的桥梁。

我们所处的位置：弱AI成熟，强AI萌芽

从更宏观的视角来看，人类正站在一个极其特殊的时间节点上。一方面，弱人工智能已经成为稳定、可靠的生产力工具，深度嵌入金融、医疗、制造、内容、科研等核心领域；另一方面，通用人工智能仍处于探索阶段，其技术路径、社会影响与伦理边界仍在激烈讨论之中。

人工智能等科技孕育数智生态文明的诞生，带来数智时代的十大创新使命，从人性洞察的逻辑源点出发，思考社会资本创新孵化的商业洞察与产业逻辑，最终依赖人工智能等新质生产力的科技逻辑，遵循科技向善、人心向美的科技伦理与科技审美，我们再次应对数智时代的文明律令与创新对象的革新变迁，重塑智通大语言

模型、智益经济发展、智能生命形态、智造生产方式、智美生活文化、智活健康竞技、智信城乡更新、智稳安全防护、智爱文遗文产与智慧生态文明，我们重塑对科技的真善美德的评判，形成数智生态文明可持续发展的17个新目标。

在这个阶段，最危险的并不是“AI发展太慢”，而是“人类思维理解跟不上”。

缺乏理解，容易导致盲目乐观；

缺乏判断，容易被技术叙事牵着走；

缺乏通识，则难以在未来的智能社会中做出推动可持续发展的合理选择。

AI让我们“知道”人类群体智慧的已知知识，但不能孕育出人类群体对未知领域的“好奇”；AI让我们记忆“知道”的内容，但不能让我们直接“理解”知道的内容；AI让我们能够“知道”有限生命的无涯内容，但不能做到感同身受，同理感知、感受玄妙的大千世界。

我希望这本书能够帮助读者建立一种“不过度恐慌，也不过度迷信”的AI认知姿态。既看到人工智能的真实能力，也清醒地意识到它的结构性局限；既理解技术趋势，也保留人类自身不可替代的价值。

人工智能并不是某一个群体的专属未来，而是所有人正在面对的共同语境。理解AI，并不意味着要成为技术专家，而是意味着在这个时代里，不轻易被技术裹挟，也不轻易被想象左右。如果这本书能够帮助你在面对AI时，多一分判断力、少一分迷茫；多一分结构化理解、少一分碎片化焦虑，那么，这本书的写作目的，也就实现了。

愿我们都能在智能浪潮之中，保持清醒的认知与主动的位置。

覃京燕
2026年1月

目录

contents

第1章　什么是人工智能？我们早就见过它！……1

1.1　什么是人工智能……2

1.2　人工智能和人脑有什么不一样？……3

1.3　AI是“智能”还是“程序”？……6

1.4　图灵测试：AI能像人一样思考吗？……8

1.5　AI的前世今生：人工智能发展简史……10

1.6　人工智能的分类：弱AI、强AI和超级AI……13

1.7　AI能绘画、写诗、唱歌，它会有创意吗？……15

1.8　AI和自动化的区别是什么？……18

1.9　我们身边的AI：智能音箱、导航、推荐算法……19

1.10　为什么AI突然这么火？背后推手是谁？……21

第2章　AI思考的底层逻辑，图解原理让小白轻松看懂！……24

2.1　模仿人脑：什么是“神经网络”？……25

2.2　数据驱动：AI靠“吃数据”成长……28

2.3　什么是机器学习？为什么AI要“训练”？……30

2.4　深度学习是怎么一层一层“看问题”的？……33

2.5　监督学习和无监督学习……36

2.6　AI怎么识别猫和狗？图像识别原理揭秘……38

2.7　自然语言处理：AI为什么能听懂我们说话？……51

2.8　大模型是怎么训练出来的？……57

2.9　AI是怎么“记住”和“遗忘”的？……60

2.10　人类和AI：谁更擅长做决定？……63

第3章　AI无处不在：改变世界的那些“智能帮手”……67

3.1　AI写稿机器人：新闻也能自动写……68

3.2　AI医生：CT、X光片都能智能诊断……70
3.3　AI老师：个性化学习和作业批改……71
3.4　AI司机：自动驾驶的真相与难题……73
3.5　AI客服：我们以为是人，其实是AI……74
3.6　AI画家与音乐家……75
3.7　AI打官司、做决策：能不能信它？……77
3.8　AI换脸、AI生成视频："真假"世界来了……78
3.9　AI在工厂：自动化+智能化制造……80
3.10　AI在农业、环保、灾害预警的奇妙应用……82

第4章　AI也有短板，我们要提防些什么？……84

4.1　AI会不会失控？电影里的场景会成真吗？……85
4.2　深度伪造：如何识别AI假视频？……88
4.3　AI带来的隐私风险，谁在看我们的数据？……94
4.4　AI歧视问题：算法也可能有偏见……102
4.5　被AI抢走的工作和新诞生的职业……107
4.6　AI武器是否会泛滥？……113
4.7　AI作弊：学生、程序员在"偷懒"？……117
4.8　AI监管难在哪里？谁来管它？……122
4.9　人类和AI如何共处？协作才是关键……127
4.10　如何培养AI素养？从青少年开始……132

第5章　跟上AI时代：普通人能做什么？……137

5.1　零基础怎么学习人工智能？……138
5.2　不懂编程也能玩AI工具吗？……142
5.3　学会提问，成为AI时代的"控制者"……146
5.4　ChatGPT是什么？怎么用最聪明？……150
5.5　AI绘画工具推荐……155
5.6　AI音频、视频创作工具介绍……159
5.7　掌握AI思维：逻辑+结构+反馈……165
5.8　AI时代的关键态度：开放、判断与创造力……169

第1章

什么是人工智能？我们早就见过它！

1.1 什么是人工智能

当我们拿起手机，它便会使用人脸识别帮我们守护隐私；当我们唤醒语音助手，它便会认真聆听并为我们提供信息。这些看似平常的体验背后，都离不开一项正在改变世界的技术——人工智能（Artificial Intelligence，简称AI）。

那么，什么是人工智能？从字面意思来看，人工智能就是让机器具备类似人类的智能。但这样的定义似乎过于简单。更准确地说，人工智能是一门研究如何让计算机系统模拟、延伸和扩展人类智能的科学技术。它试图让机器能够像人一样感知环境、理解信息、进行推理、做出决策，甚至在某些方面超越人类的能力。

人工智能的核心在于“学习”。与传统的计算机程序不同，AI不是通过程序员编写固定的规则来工作，而是通过分析大量数据，从中发现规律和模式，然后利用这些规律来解决新问题。就像人类通过经验学习一样，AI通过“训练”来提升自己的能力。当我们给AI展示成千上万张猫的图片，并告诉它“这是猫”，AI就能逐渐学会识别猫的特征，最终在面对新的猫的图片时，也能准确识别出来。

那么，AI的学习过程具体是如何进行的呢？这个过程通常包括几个关键步骤。首先，我们需要准备大量的数据，这些数据被称为“训练数据”。就像学生需要课本和习题来学习一样，AI需要大量的“训练数据”来学习。例如，要训练一个识别猫的AI，我们需要收集成千上万张猫的图片，每张图片都标注好“这是猫”（见图1.1-1）。

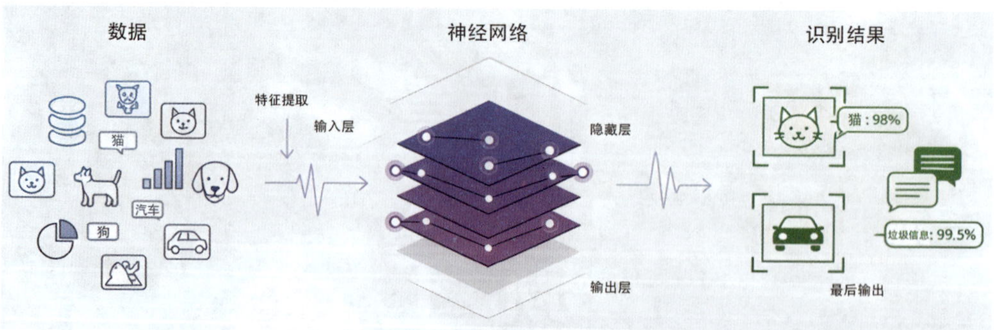

图 1.1-1 人工智能的学习过程：从数据到智能

接下来，AI会通过一个叫作“神经网络”的结构来处理这些数据。神经网络由许多相互连接的节点组成，这些节点类似于人脑中的神经元。当数据被输入到神经网络中时，网络会尝试识别数据中的模式和特征。正如在识别猫的例子中，AI可以通过神经网络学习到猫有尖耳朵、胡须、毛茸茸的身体等特征。

在训练过程中，AI会不断调整自己的参数，就像学生通过反复练习来纠正错误一样。如果AI识别错了，系统会告诉它正确答案，然后AI会调整自己的判断方式，减少错误。这个过程会重复成千上万次，直到AI能够准确识别出训练数据中的猫。

最后，当训练完成后，AI就具备了从新数据中识别模式的能力。即使面对它从未见过的猫的图片，只要这些图片具有猫的典型特征，AI也能准确识别出来。这种从已知数据中学习，然后将其应用到新环境的能力，正是人工智能的核心优势。当然，AI的学习过程远比这个简化描述复杂，我们将在后续内容中深入讲解神经网络、机器学习等具体技术。

人工智能带来的影响是深远而广泛的。在日常生活层面，AI已经渗透到我们生活的方方面面。智能音箱能听懂我们的语音指令，控制家中的智能设备；推荐算法根据我们的浏览历史，为我们推送个性化的内容；翻译软件能实时翻译不同语言，打破语言障碍；人脸识别技术让手机解锁、支付变得更加便捷。这些应用让我们的生活更加便利，也改变了我们的行为习惯（见图1.1-2）。

图 1.1-2　人工智能在日常生活中的应用

我们正站在一个技术变革的关键节点上，AI不仅是一种工具，更是一种改变世界的力量。理解人工智能的本质，认识其带来的机遇与挑战，将帮助我们更好地适应这个智能化的时代，也让我们能够更理性地看待和利用这项技术，人工智能既是我们需要掌握的知识，也是我们需要思考的课题。

1.2　人工智能和人脑有什么不一样？

当我们看到AI能够识别图像、理解语言，甚至下棋时，往往会惊叹于它的“智能”。但一个有趣的问题随之而来，AI的“智能”和人类大脑的智能是一回事吗？它们是如何工作的？又有哪些相同和不同之处？要回答这些问题，我们需要先了解大脑是如何工作的，然后再将它与AI进行对比。

人脑是一个极其复杂的生物系统，它由大约860亿个神经元（神经细胞）组成。每个神经元就像一个小小的信息处理单元，它们通过突触相互连接，形成一个庞大的网络。当我们思考、记忆或感知时，信息以电信号的形式在神经元之间传递。当一个神经元接收到足够强的信号时，它会被“激活”，然后向其他神经元发送信号。这种激活和传递的过程，就像接力赛一样，信息从一个神经元传到另一个神经元，最终形成我们的思维和行动方式（见图1.2-1）。

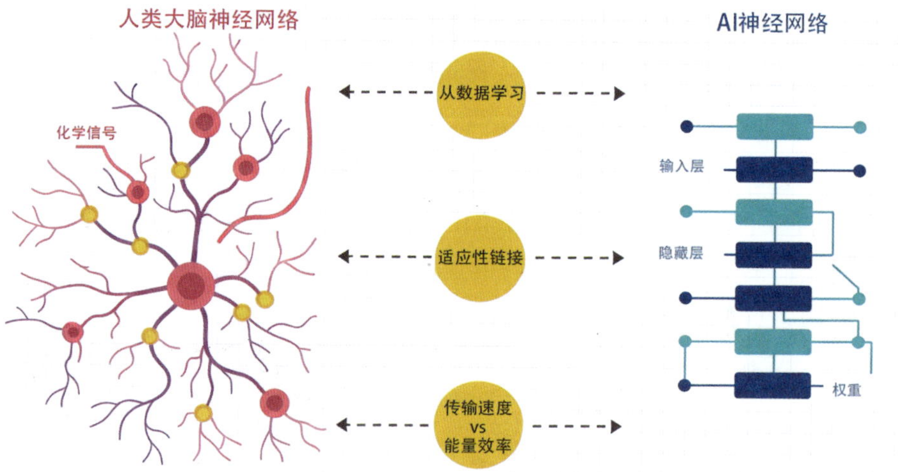

图 1.2-1　人脑神经元网络与 AI 神经网络的对比

大脑的学习过程也很有趣。当我们学习新知识时，比如学习骑自行车，大脑中的神经元连接会发生变化。那些经常被使用的连接会变得更强，就像走多了的小路会变得更宽一样；而那些不常用的连接则会逐渐减弱。这种“用进废退”的机制，让大脑能够通过经验不断优化自己的结构，从而学会新的技能。更重要的是，大脑的学习是持续终身的，我们每时每刻都在根据新的经验调整自己的认知。

那么，AI是如何工作的呢？正如我们在前面提到的，目前基于深度学习的人工智能，其基本结构是神经网络。有趣的是，神经网络的设计灵感正是来自人脑的神经元结构。在AI的神经网络中，也有许多“节点”（类似于神经元），它们通过“连接”（类似于突触）相互关联。当数据输入神经网络时，信息会在这些节点之间传递和处理，最终产生输出结果。

AI的学习过程也与大脑有相似之处。在训练过程中，AI会不断调整节点之间的连接强度（这被称为“权重”），就像大脑强化或弱化神经元之间的连接一样。如果AI做出了错误的判断，系统会告诉它正确答案，然后AI会调整自己的权重，减少错误。这个过程会重复很多次，直到AI能够准确地完成任务。

通过对比，我们可以发现AI和大脑确实有很多相似之处。首先，它们都采用网络结构，即大脑依靠的是神经元网络，AI则依靠的是人工神经网络。其次，它们都通过调整连接强度来学习，即大脑通过改变突触连接，AI通过调整权重参数来学习。再次，它们都能从经验中学习，即大脑通过生活经验，AI通过训练数据。最后，它们都能处理复杂信息并做出决策，即大脑处理感官信息，AI处理数据，从而做出决策。

然而，它们之间也存在显著的不同（见图1.2-2）。第一，工作方式不同：大脑使用电化学信号，处理速度相对较慢但能耗极低；AI使用电子信号，处理速度极快但能耗较高。第二，学习效率不同：大脑可以从少量例子中快速学习，比如我们看一次就能记住一个人的脸；而AI通常需要大量的训练数据才能达到类似的效果。第三，适应性不同：大脑具有极强的适应性和灵活性，能够处理各种意外情况；而AI往往在训练数据范围之外表现不佳。第四，理解能力不同：大脑能够真正理解事物的含义，具有意识和主观体验；而AI目前只能进行模式匹配和统计推理，缺乏真正的理解。

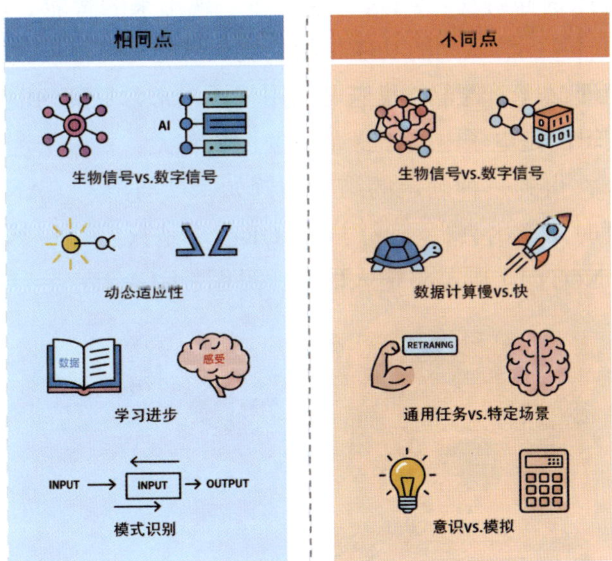

图 1.2-2　AI 与大脑的相同点与不同点

总的来说，AI和大脑在结构和工作方式上确实有相似之处，这也是为什么AI能够在一定程度上模拟人类智能的原因。但我们也必须认识到，AI目前还远未达到人类大脑的复杂程度和灵活性。大脑经过数百万年的进化，具有AI难以企及的适应性和创造力。理解这些异同，不仅能帮助我们更好地认识AI的本质，也能让我们更深刻地理解人类智能的独特之处。在后续内容中，我们将进一步讲解AI如何通过模仿大脑的结构来实现智能。

1.3 AI是“智能”还是“程序”？

在人工智能大行其道的今天，我们经常将其与“智能”联系在一起，无论是在学习时使用ChatGPT进行问答，还是乘坐自动驾驶的新能源汽车行驶在高速公路上，抑或在新媒体艺术展中看到了具有实时互动性的艺术作品，我们仿佛第一时间就会认为这样的“智能”背后一定是强大的人工智能。

实际上，“智能”并不等同于“人工智能”，这两个词语具有不同的内涵。“智能”是一种认知，当我们认为某种东西具有智能时，说明这种东西一定表现出了类似于人类的思想或行为特征。例如，对于一个扫地机器人来说，我们可能觉得它能够自动避开障碍物进行清扫是十分智能的，这是因为我们人类扫地时就会有意识地避开障碍物。而“人工智能”是一种技术，就像通信技术、传感器技术一样，当我们将其运用在某种东西或某项任务上时，它就可能表现出智能。

因此，AI究竟是真正的“智能”，还是仅仅按照预设规则运行的“程序”，这个问题我们可以这样解释：AI是通过程序表现出来的智能。换句话说，AI本身是一个程序，而其能够做到的功能带给人类的感觉是智能的。

为了更好地理解这个概念，我们可以用生活中常常见到的电子元件和一块电路板作类比。逻辑门是电子电路中最基本的逻辑单元，每一个逻辑门都可以完成一种特定的运算，得到一种确定的结果。例如，“与门”（AND门）是只有当两个输入都为真时才输出真，“或门”（OR门）是只要有一个输入为真就输出真，“非门”（NOT门）则是将输入取反（见图1.3-1）。

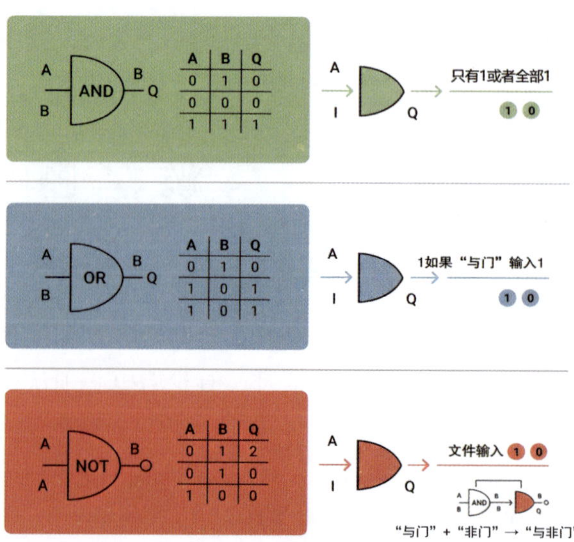

图 1.3-1 基本逻辑门结构

一个逻辑门能做的事情似乎很简单，但当我们把两个甚至多个逻辑门组合在一起时，情况就变得不同了。通过巧妙的连接和组合，这些简单的逻辑门可以产生更复杂的功能。比如，用两个“与门”和一个“或门”可以构成一个能够比较两个数字大小的电路；用更多的逻辑门组合，可以设计出能够进行加减乘除运算的算术单元。

而当我们把成千上万个逻辑门按照特定的方式组合起来，形成一块完整的电路板时，这个电路板就能够完成非常复杂的功能了。它小到可以自动控制家居环境里的电器开关，大到可以让一辆汽车运转起来。从表面上看，它表现出来的功能是智能的，但它的本质仍然是由无数个简单的逻辑门按照程序设计的逻辑组合而成的（见图1.3-2）。

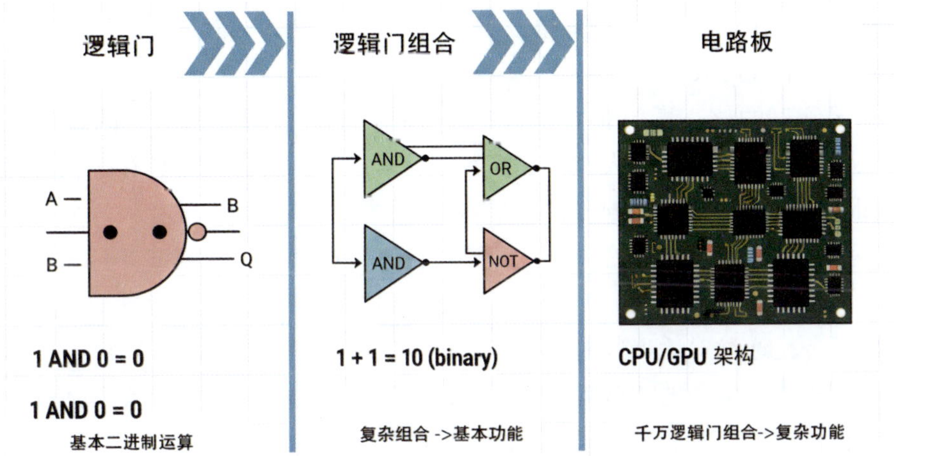

图 1.3-2　从逻辑门到电路板：从简单程序到体现智能

AI的工作原理与此非常相似。程序的本质是一系列逻辑规则和计算步骤的组合，它们定义了AI应该如何接收输入、如何处理信息、如何产生输出。这些程序代码就像是电路板上的逻辑门连接图，虽然从底层看都是简单的逻辑运算，但当它们以特定的方式组合在一起时，就能够在更高的层面展现出我们称之为“智能”的能力。

让我们用一个具体的例子来说明，当AI识别一张猫的图片时，从程序的角度看，它执行的是大量复杂的数学计算，提取图像的像素值、分析颜色和纹理特征、匹配已有的模式、计算概率分布等。每一步都是按照程序预设的逻辑进行的。但从表现层面看，AI展现出的却是类似人类视觉系统的“识别”能力，它“判断”这是一只猫，而不是狗或者其他动物。这种“判断”就是智能的体现，而实现这种“判断”的底层机制就是程序。

理解了这一点，我们就能更好地认识AI的本质，AI的智能并不是凭空产生的，而是通过精心设计的程序在大量数据和复杂算法的支持下表现出来的。当程序足够复杂、设计足够精巧时，AI确实能够在特定领域展现出令人惊叹的智能行为。

1.4 图灵测试：AI 能像人一样思考吗？

我们从认知层面去理解何为“智能”，认为具有某种智能的物品一定是表现出了类似于人类的思想或行为特征。实际上，这种判断是否具有智能的方法早在20世纪50年代就被科学家图灵提了出来，并写在了其经典论文*Computing Machinery and Intelligence*中。“我们如何判断一台机器是否具有智能？”这看似简单却难以解决的问题，被图灵以一种巧妙的方法回答，而这种方法被后人称为图灵测试（Turing Test）。

图灵测试的核心思想非常简单，如果一台机器能够通过对话的方式，让人类无法区分它是机器还是人类，那么我们就可以认为这台机器具有智能。具体来说，图灵测试是这样进行的：在一个房间里，有一个人类测试者和两个被测试对象，一个是真实的人类，另一个是计算机程序（AI系统）。测试者通过打字的方式与这两个对象进行对话，而他们之间彼此看不见对方，只能通过文字交流。测试者的任务是通过对话来判断哪一个是被测试的人，哪一个是计算机程序。如果计算机程序能够成功地“欺骗”测试者，让测试者无法准确判断哪个是机器，那么这台机器就被认为通过了图灵测试（见图1.4-1）。

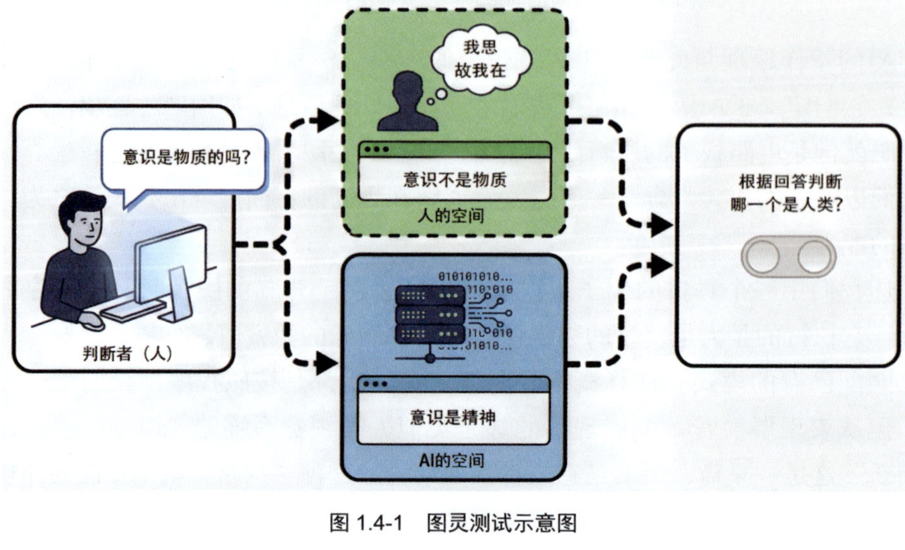

图 1.4-1　图灵测试示意图

这个测试的巧妙之处在于，它绕开了“什么是智能”这个难以定义的哲学问题，而是从“行为表现”的角度来判断智能。图灵认为，如果机器能够表现得与人类一样，那么从实用的角度来看，我们就可以说它具有智能。这种“功能等价”的观点，在很大程度上奠定了现代人工智能研究的基础。

随着技术的发展，图灵测试也在不断演化和应用。1990年，美国科学家休·勒布纳（Hugh Loebner）设立了“勒布纳奖”（Loebner Prize），这是第一个正式举办的图灵测试竞赛。每年的比赛都会邀请各种聊天机器人程序来尝试通过图灵测试，测试者包括各行各业的专家和普通民众。虽然至今还没有程序能够完全通过测试，但这些比赛大大推动了聊天机器人和对话系统技术的发展。

在当今时代，图灵测试的理念已经渗透到AI应用的各个领域。当我们使用智能客服系统时，如果它在对话中表现得足够自然，能够理解我们的意图并给出恰当的回答，我们就很难判断屏幕另一端是真人还是AI。当我们与语音助手对话时，如果它能够准确理解我们的语音指令并执行相应的操作行为，这实际上也是对图灵测试理念的一种实践。甚至在一些在线游戏或社交平台上，AI角色能够与玩家进行互动，让玩家感觉像是在与真人交流，这也是图灵测试思想在现代应用中的体现（见图1.4-2）。

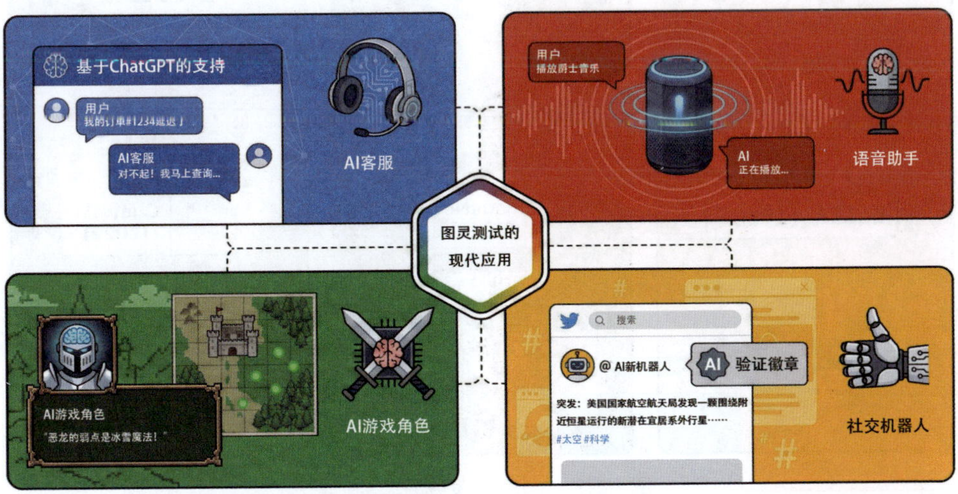

图 1.4-2　现代图灵测试的应用场景

然而，图灵测试也面临着一些质疑和挑战。一些批评者指出，通过图灵测试并不意味着机器真正“理解”了对话的内容，它可能只是通过模式匹配和统计方法“模仿”了人类的对话风格。就像一只鹦鹉可以学会说人的语言，但这并不意味着它真正理解了语言的含义。此外，现代AI系统虽然在某些特定任务上已经超越了人类，但在需要深度理解、创造性思维或常识推理的场景中，仍然与人类智能存在明显差距。

尽管如此，图灵测试仍然具有重要的价值和意义。它不仅为我们提供了一个判断AI智能水平的标准，更重要的是，它改变了我们理解智能的方式，从追求完美复制人类的思维过程，转向关注机器是否能够表现出与人类相当的功能，即“行为主义”的道路。这种思路为AI技术的发展提供了另一种方向，也让我们对“AI能像人一样思考吗”这个问题有了不一样的认识：或许AI并不一定要像人类一样思考。

1.5 AI 的前世今生：人工智能发展简史

我们提到了人工智能发展的“行为主义”路径，而如果将人工智能的发展放在更长的历史脉络里，我们会发现其从始至今都是一波又一波的浪潮交替向前。以1950年图灵的*Computing Machinery and Intelligence*为起点，AI经历了符号主义阶段、连接主义阶段，再到如今的行为主义、大语言模型阶段，每一次突破都伴随着思想认知、计算理论、算力和数据资源的共同进步（见图1.5-1）。

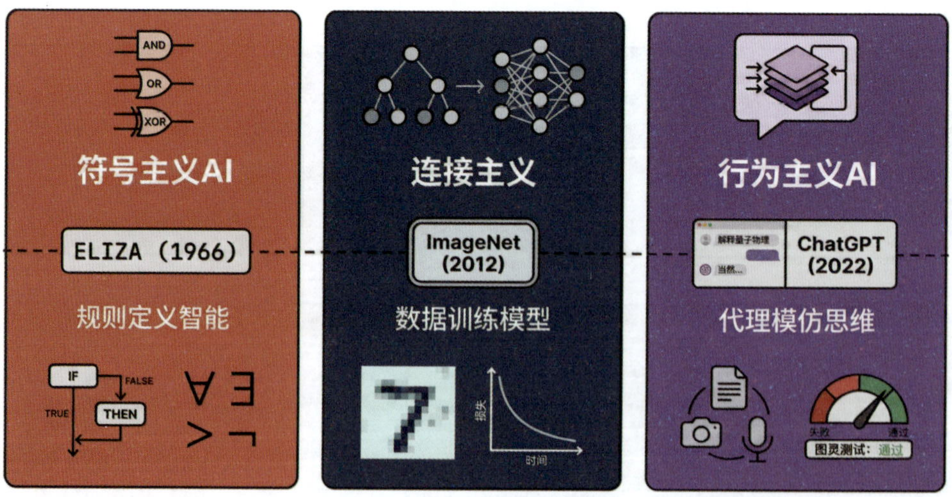

图 1.5-1 人工智能发展的三大阶段

1950—1990年：符号主义的“推理黄金时代”

20世纪50年代到90年代，AI研究的主流是符号主义（Symbolism），也被称为“逻辑主义”或“GOFAI（Good Old-Fashioned AI）”。在那个时期，科学家们相信，只要把人类的知识转化成符号和规则，再借助逻辑推理，机器就能拥有与人类相当的智能。

如何理解符号主义中“基于规则的逻辑推理”呢？我们可以用一个西瓜来举例，我们平时在购买一个西瓜的时候如何判断它是不是好瓜，它的纹理是否清晰、它的根蒂是否蜷缩、它的色泽是否青绿、它的触感是否硬滑等。我们会基于各种不同的特征来判断这是一个好瓜还是坏瓜，而如果将这样的经验转化为一套规则并告诉机器，从而使机器也能够实现这样的推理过程并得到结果，那么这种机器所表现出来的智能，就是基于符号主义的智能（见图1.5-2）。

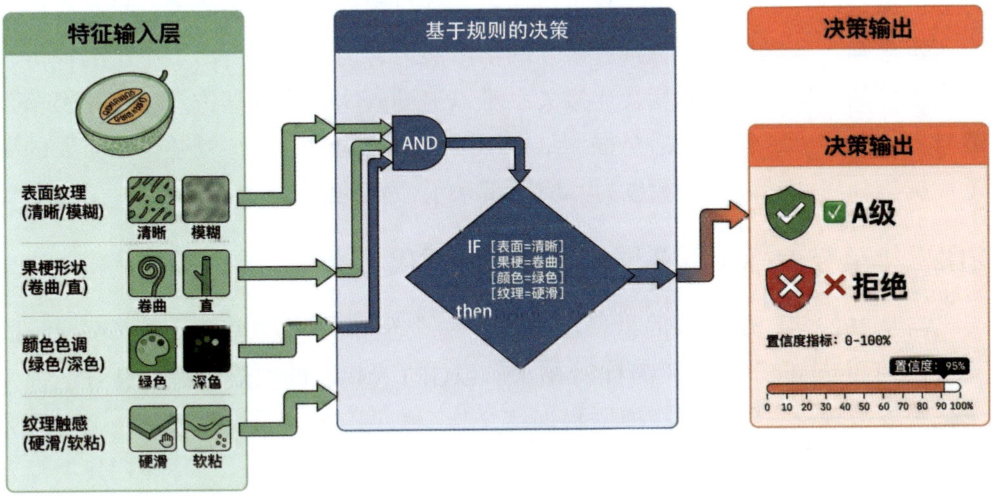

图 1.5-2　基于符号主义的人工智能

在符号主义的浪潮中，涌现出了一批具有代表性的技术，包括逻辑推理（利用命题逻辑、谓词逻辑进行自动定理证明）、专家系统（将领域专家的经验编制成人工知识库和规则，使机器在医学、地质等领域中给出专业的建议），以及自然语言处理的早期尝试（通过模式匹配、语法分析来理解简单的语言文本）。符号主义的优势在于求解过程的可解释性和清晰的逻辑性，但它也暴露出了“知识获取瓶颈”和“规则爆炸”等问题，将经验转化为计算机可识别的规则是困难的，并且人工录入成千上万条规则的成本极高，而这样的系统缺乏自我学习的能力，一旦遇到未被编写的情境，基于符号主义的机器就会无从下手。

1990—2022年：连接主义与统计学习崛起

进入20世纪90年代后，互联网的蓬勃发展以及数据和算力的快速增长为人工智能注入了新的燃料。与符号主义的固有规则相比，人们更希望人工智能能够自我学习，因此在人脑神经网络结构的启发下，研究重心开始转向连接主义

（Connectionism），其核心观点是模拟人脑神经网络的结构和功能，让机器从数据中自动学习规律。

这一阶段最典型的技术便是人工神经网络（Artificial Neural Network，简称ANN）的诞生，其由大量简单的“神经元”根据数据自主学习输入与输出之间的映射关系相互连接形成网络。随着算力的提升和大数据的出现，神经网络的结构与参数开始膨胀，出现了残差网络等深度神经网络，被统称为深度学习（Deep Learning，简称DL）。这种基于连接主义的人工智能更擅长处理非结构化数据（如图像、语音、文本等），且可以通过数据自主学习而不需要像符号主义般人为制定规则。虽然神经网络具有很强的学习能力，但也因此付出了一定的代价，庞大数量的神经元之间的复杂连接关系难以追溯查明，导致其仿佛一个“黑箱”般具有较差的可解释性，甚至很多结果不可解释。同时，训练复杂模型需要的海量数据集和高性能计算资源也为其应用带来了一定的困难。

2022年至今：行为主义与大语言模型时代

自从2022年ChatGPT问世，AI进入了一个全新的阶段，即大语言模型阶段（Large Language Model，简称LLM）。以GPT为代表的大语言模型具备亿级、千亿级参数规模，结合大规模语料训练、指令微调（Instruction Tuning）、人类反馈强化学习（Reinforcement Learning from Human Feedback，简称RLHF）等方法，可以在对话、写作、编程、搜索、设计等多种任务中展现相当惊人的智能。正因如此，人们提出了通用人工智能（Artificial General Intelligence，简称AGI）的概念，指出未来一个真正通用于任何人类任务的人工智能是最终的发展方向，也是人类关于AI的终极愿景。

而如今，走向这条AGI的道路分为两条，一条是以“行为主义”为观点的主流道路，它强调人工智能追求的目标是与人类行为的一致性；相反，另一条以“内在主义”为观点的道路，它强调人工智能需要与人类大脑的内在机制相一致。当我们回溯到1950年思考图灵解决“机器是否具有智能”问题的巧妙办法就不难发现，图灵测试所强调的是机器外在行为与人类一致而表现出来的智能，即行为主义的智能。

无论是符号主义、连接主义，还是行为主义、统计主义，它们都是在不同历史阶段、资源条件下，体现出为了追求机器智能而选择的路径。未来的人工智能将循着历史的轨迹，走向人类所期望的方向。

1.6　人工智能的分类：弱 AI、强 AI 和超级 AI

在日常使用AI的过程中，我们可能感受到不同AI之间的差异。如果我们以一个更加宏观的视角对AI进行“能力层次”的分类，可以大致分为弱AI、强AI以及超级AI三种形态，其智能的水平依次递增，分别回答着“能做好某件事”“能做好任何事”以及“能做得比人类更好”这三个不同的水平（见图1.6-1）。

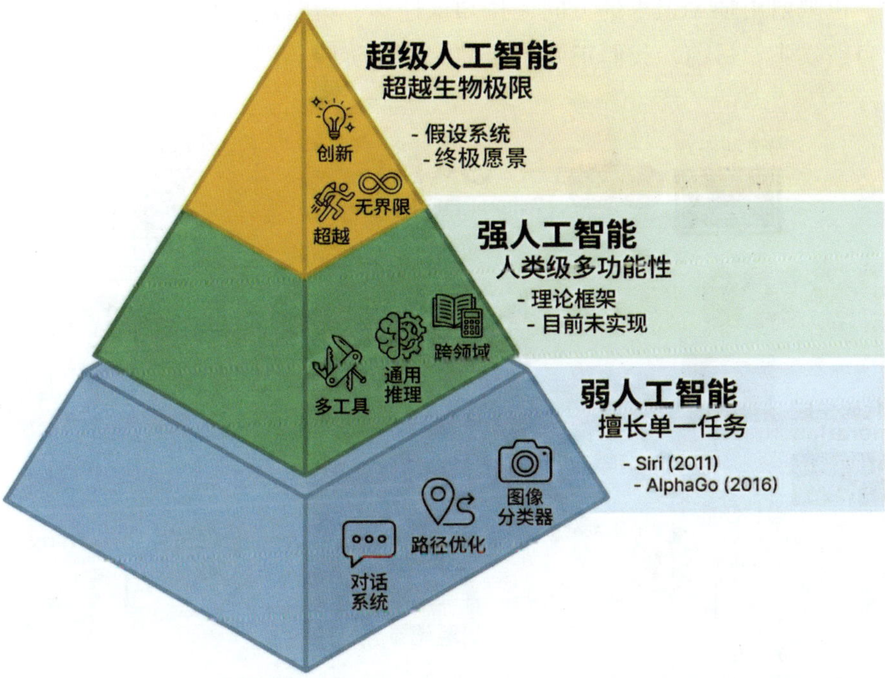

图 1.6-1　AI 在能力层面上的分类

弱AI（Narrow AI）专注于一个特定的任务，无论是我们常用的基于大语言模型的聊天问答，还是视频推荐、地图导航、金融量化等都是这类AI，它们在明确的任务上依靠海量数据和精准算法做到极高的效率，但无法通用于其他领域。我们更愿意称这类AI为垂直领域模型，它就像一位训练有素的专科医生，在熟悉的专业领域里把流程打磨得滴水不漏，但离开专业领域就会手足无措。医院里常用的AI放射科助理模型就是一个生动的例子，模型提前“看过”上百万张CT影像，能在几秒钟内标注疑似病灶并给出风险评分，帮助医生筛查早期病症。但它也只能运用于医学影像，无法运用于其他任务。

强AI（General AI）具备类似人类的通用智能，能在不同任务之间切换并实现不同功能。如今的大语言模型、具身智能、通用智能体的探索，都是在尝试把不同模态的输入统一到同一套“智能大脑”里，再配合长期记忆与自我反馈机制，努力缩小与人类通用智能之间的差距。强AI像一位全科通才专家，它需要把理解、推理、规划、学习等能力融会贯通，在陌生任务面前依旧能够举一反三。DeepMind曾推出名为Gato的通用智能体（见图1.6-2），让单一人工智能模型在六百多种任务上共用一套参数，既能玩Atari游戏，又能操控机械臂，还能与人对话。虽然它还远远谈不上真正的强AI，却证明了“同一个模型学多种本领”的可能性，也映射出强AI追求的方向，让知识迁移、策略规划和多模态理解在同一系统中自然发生。目前，我们正处于强AI的探索阶段。

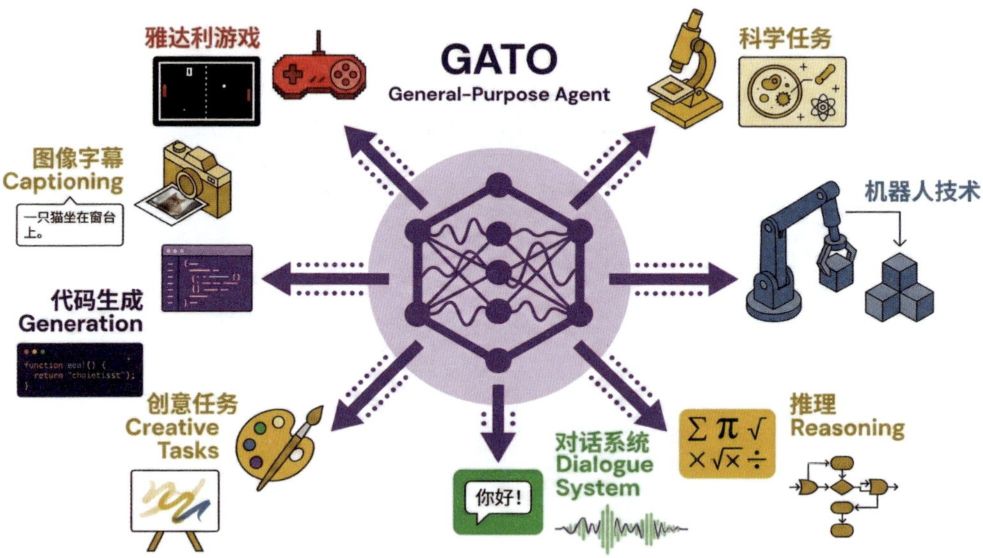

图 1.6-2　Gato 智能体

至于超级AI（Super AI），是人类畅想的未来，在所有领域都比最聪明的人类大脑还聪明的人工智能。目前，对于超级AI的描述是憧憬性和想象性的，一般出现在科幻作品中。超级AI更像未来社会里的一位合伙人，它不仅掌握人类已有的知识和技能，还能以超越人类的速度提出原创洞见、做出关键决策。如果把这样的智能投入科研，它完全可以组成一支“AI诺贝尔奖团队”，不仅可以自动检索所有文献，生成大胆的物理假说，规划实验方案，远程操控实验室，实时分析数据，并在短时间内迭代上百次实验，最终产出可复现的重大突破性成果。虽然这个画面今天仍停留在理论推演和科幻故事里，但这是指引人工智能发展的方向，并且时刻提醒我们，一旦AI具备自我进化和系统级协同能力，人类社会的治理结构、经济组织甚至伦理框架都将被迫升级（见图1.6-3）。

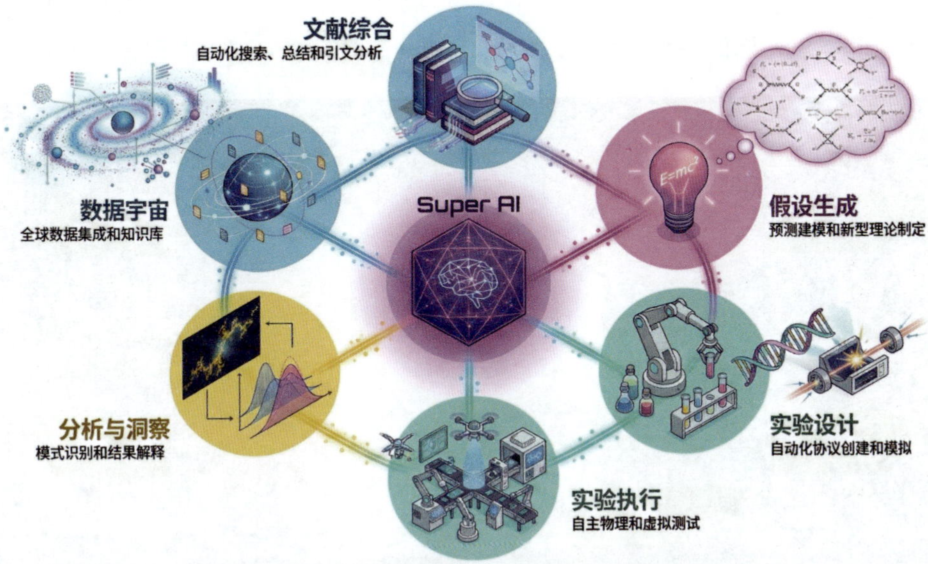

图 1.6-3　存在于人类想象中的超级 AI

纵向来看，弱AI是已经大规模落地的现实生产力，强AI是技术界努力奔赴的阶段性目标，而超级AI则是面向未来的宏观愿景。横向来看，它们各自对技术体系和社会议题的要求也完全不同，弱AI强调工程可靠性和可控性，强AI需要在安全边界内实现通用能力，超级AI则把话题推向价值对齐、国际治理与人机共生。我们如今站在弱AI成熟与强AI萌芽的交界处，一面享受智能化带来的效率红利，另一面也要及早为更高层级的智能准备好规则、伦理和社会共识。

1.7　AI 能绘画、写诗、唱歌，它会有创意吗？

当AI生成一幅精美的画作、写出一首押韵的诗歌，或是创作一段旋律优美的音乐时，我们往往会惊叹于它的“创造力”。Midjourney绘制的奇幻场景、ChatGPT写出的十四行诗、Suno生成的原创歌曲，这些作品在形式上似乎与人类创作并无二致，甚至在某些技术指标上超越了人类创作的作品。然而，一个根本性的问题随之而来，AI真的具有创意吗？还是它只是在模仿或重组已有的模式？

这个争议在2022年达到了一个高潮。那一年，一幅名为《太空歌剧院》（见图1.7-1）的AI生成画作在美国科罗拉多州博览会的数字艺术竞赛中获得了第一名。这幅作品由游戏设计师杰森·艾伦（Jason Allen）使用Midjourney创作，画面中古典建筑与未来科技元素交织，呈现出一种独特的视觉美感。获奖消息一出，立即引发了艺术界的激烈讨论，有人认为这是对传统艺术家的不公，有人则将其视为艺术创作范式的一次革命。无论立场如何，这一事件都迫使我们去思考：当AI能够产出被专业评委认可的艺术作品时，我们该如何定义“创意”本身。

图 1.7-1　杰森·艾伦《太空歌剧院》

要回答这个问题，我们不妨先回到人类创意的源头。人类的创意并非凭空而来，它深深植根于我们的个人情感、文化背景、过往经历以及审美偏好之中。一位画家在创作时，可能会将童年记忆中的某个场景、旅行时感受到的异域风情、阅读某本小说时产生的情绪波动，以及长期积累的艺术修养，全部融入笔触之中。这些元素经过个人独特的加工和重组，最终形成一件具有原创性的作品。我们评判人类创意时，往往关注的是作品是否表达了独特的情感体验，是否体现了创作者的个人视角，是否在既有的文化传统中找到了新的表达方式。换句话说，我们认可的是那种“有温度”的创作，它背后有故事、有情感、有属于创作者自己的生命体验。

那么，AI的创意又来自何处？从技术角度看，AI的创作能力来源于对海量数据的学习和模式识别。一个训练有素的AI绘画模型，可能“看过”数百万张人类创作的画作，它从这些样本中总结出色彩搭配的规律、构图的技巧、风格的特征，然后在生成新作品时，将这些学到的模式进行重新组合和泛化。当用户输入“一只猫坐在未来城市的屋顶上”这样的提示词时，AI会调用它学到的关于“猫”“未来城市”“屋顶”等概念的数据，将它们融合成一个新的视觉呈现。

这个过程看似是“创作”，但本质上更像是一种高级的“模式重组”，AI并没有真正“感受”过猫的柔软、城市的喧嚣，也没有对“未来”产生过自己的想象，它只是在数据空间中找到了最符合统计规律的组合方式（见图1.7-2）。

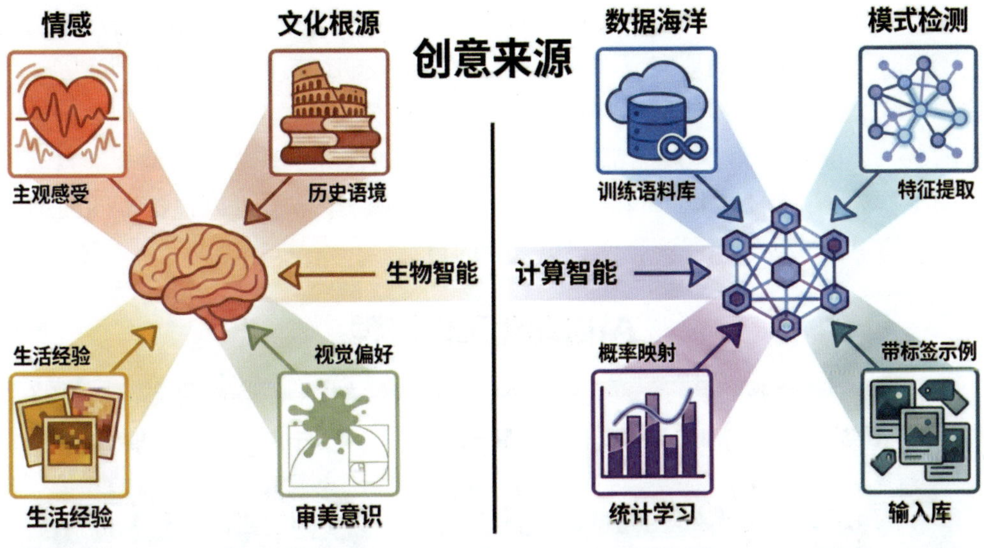

图 1.7-2　人类与 AI 的创意源泉

然而，当我们深入思考时，会发现这个问题的答案并不那么简单。人类对自身创意的本源仍在探索中，神经科学告诉我们，人类的创意可能也源于大脑中不同神经网络的连接和重组。心理学研究显示，许多“灵光一现”的创意时刻，实际上也是大脑在无意识中整合已有经验的结果。如果人类的创意本质上也是“模式重组”，那么AI的创作与人类创作之间的界限又在哪里？是情感体验的差异，还是意识的有无，抑或某种我们尚未完全理解的东西？

因此，“AI是否具有创意”这个问题，目前仍是一个难以回答的哲学命题。它涉及我们对“创意”的定义、对“意识”的理解，以及对“智能”本质的认知。也许，与其纠结于AI是否“真正”具有创意，不如将目光转向另一个方向，当AI能够产出让我们感到惊艳、感动甚至引发思考的作品时，这种能力本身就已经在改变我们对创意的理解，也在重新定义人机协作的可能性。未来，我们可能会看到更多由AI辅助或主导的创作，它们或许会催生出全新的艺术形式，也或许会让我们更加珍视人类创意中那些无法被算法复制的部分，那些源于生命体验、情感共鸣和存在意义的独特表达。

1.8 AI和自动化的区别是什么？

我们在使用AI完成日常任务时，能够深刻地感受到AI的自动性带给我们的巨大便利。不妨以阅读一篇文献为例，在没有AI辅助的情况下，我们需要完成"阅读文章、查阅资料、总结文章"的流程，而当我们将这篇文献交由AI帮助我们阅读时，它能够自动地完成整个过程，并交给我们最后的总结文档。实际上，这样一个类似于"工作流"（Workflow）的流程不仅在聊天对话中体现，目前已有的Coze、n8n等智能体产品都能够将一个完整的任务实现为一条AI能够自动执行的工作流（见图1.8-1）。在整个工作流中，每一个节点可以包括不同的AI以及不同的工具，从而相互配合实现更复杂的目标。

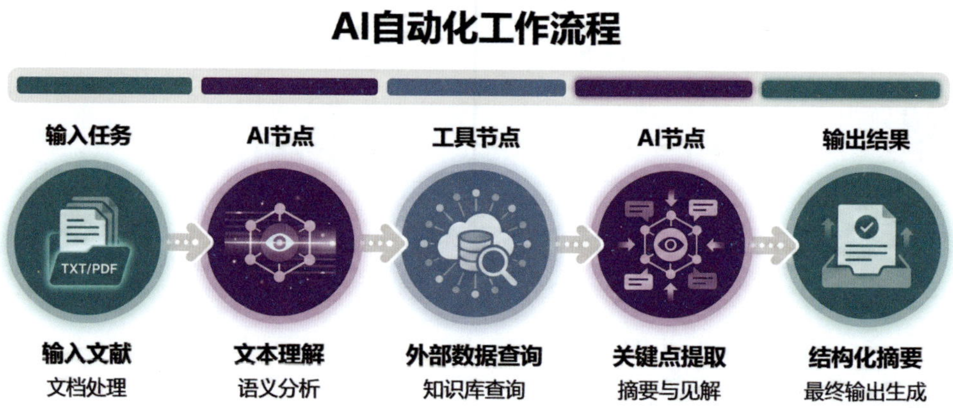

图 1.8-1　AI 的自动化工作流程

我们可能会疑惑，这样一个工作流就好像工业中的自动化链条一般，每一个环节执行所属的任务并依次连接，得到一个自动化的工作流。那么AI和自动化究竟有什么区别？实际上，对AI能力的总结似乎用"自主"一词更为合适，相比于只需要按照人为规定去执行的流程，AI赋能的工作流能够更显著地体现出自主性。

从目标来看，自动化要解决的问题是"怎样让机器替我完成重复动作？"它关心的是降低人类的操作成本。AI则试图回答"机器能否像人一样思考和判断？"因此把模拟人类智能作为终极追求。两者像是不同类型的助手，自动化是熟练的流水线工人，按照既定手册把螺丝拧紧；AI则更像能读懂客户需求的顾问，会在执行前先理解任务、判断情境，然后给出相应的策略。

从功能层面来看，自动化系统通常依赖工程师预设好的流程、触发条件和分支规则，只要输入符合预期的内容，它就能稳定地重复输出相同结果，而一旦出现超出范围的情况，就需要人工干预。AI模型的能力来源于数据与算法的结合，它能够在海量样本中总结模式，遇到新情况时再用这些经验进行推理和迁移，甚至在持续迭代中不断自我调整。因此，自动化像是“记住步骤”的机械重复，而AI强调“学会思路”的灵活应对。

从应用场景来看，两者的边界更容易理解。制造业工厂中的机械臂每天重复装配零件、银行后台的批量报表生成、无人仓里的分拣系统，这些都是强调高频、稳定、可预测的操作，自动化能以最可靠的方式完成任务。而在需要智能判断的领域，像自然语言处理中的机器翻译、客服中的情绪识别、医疗影像里的异常检测、内容创作中的智能写作，这些任务牵涉理解语义、识别复杂模式，只有AI这种“会学习的助手”才能胜任。如同自动挡汽车与自动驾驶，前者只是在既定机械结构里减轻驾驶者的操作负担；后者则要实时理解路况、预测风险、制定路线，带来的技术挑战完全不在同一个维度。

因此，当我们看到一个系统能自动跑完流程时，不妨多问一句，它是在执行我们写好的剧本，还是在演绎自己学到的即兴创作，答案往往决定了它属于自动化还是AI，也决定了我们该如何设计它、监管它，并从中获得相应的助力。

1.9　我们身边的 AI：智能音箱、导航、推荐算法

虽然“人工智能”这一概念已经在当今社会深入人心，但人们或许还是没法建立起对于人工智能的具象化认识，只知道它是一种高科技，但不知道它在我们的生活中应该如何应用。实际上，人工智能已经渗透进日常工作与生活的基础设施层，从我们随手拿起手机刷视频的个性化推荐算法，到驾驶座舱中的智能导航，再到语音交互、路径规划、内容分发、支付安全、翻译与客服等各种生活中常见的场景，都在被人工智能逐渐接管。为了更系统地认识这些常见AI，可以从一个较为学术的功能分类角度切入，即从感知（语音、视觉）、语言理解与交互、空间感知与规划、个性化推荐与决策、生成式内容、风险控制与运维优化等维度去掌握。这些维度对应了AI从获取信息、理解语义、做出决策到生成内容的完整链路（见图1.9-1）。

在“感知层”中，语音识别与语音合成构成了人机交互的入口。智能音箱、车载语音系统、AI客服等均依赖自动语音识别系统（Automatic Speech Recognition，简称ASR）把声音转化为文本，随后通过自然语言理解（Natural Language Understanding，简称NLU）解析意图，再由文本转语音技术（Text-to-Speech，简称TTS）输出反馈。这一流程让指令输入从键盘转向声音，也为无屏

设备或车载安全场景提供了更便捷的交互方式。

图 1.9-1　日常场景中的 AI 功能层次

与语音识别并列的感知能力是计算机视觉。手机相机的夜景增强、实时抖动消除、视频会议中的虚拟背景与人像分割、安防系统的目标检测与轨迹跟踪、工业生产线上的缺陷检测，乃至医疗影像的辅助筛查，都是在人工智能的支持下完成的。这里的核心在于目标检测、图像分割、姿态估计等模型对空间和纹理信息的高效提取。

语言理解与交互层承担了语义解析与知识获取的任务。在线客服、智能问答、机器翻译、摘要与检索增强生成（Retrieval-Augmented Generation，简称 RAG）等应用，均依赖于大规模语言模型对上下文的建模与对知识库的调用。跨语言实时字幕、会议纪要自动生成、跨领域知识问答，都是通过语义表示、检索与生成相结合实现的。

空间感知与规划是出行和物流类应用的核心。导航软件需要融合地图匹配、交通流量预测、路径规划等子模型，动态给出预计到达时间和替代路线。城市出行平台则在此基础上叠加调度算法，实现司机与乘客的高效匹配。物流仓储的路径优化、无人配送的轨迹规划也属于这一类。它们体现了时空数据驱动的预测与决策能力。

个性化推荐与决策部分关注在信息过载环境中为用户提供排序与选择建议。新闻流、短视频、电商商品、音乐与播客平台都在使用推荐算法（协同过滤、深度兴趣网络、排序学习）对用户行为进行建模，输出点击率预测与转化率预测，再据此调整呈现顺序。个性化日程建议、理财配置提示等决策支持工具，也属于这一类应用延伸。

生成式内容是近年来快速发展的方向。文本生成（写稿、代码补全、智能摘要）、图像生成（平面设计、插画、产品概念图）、音频与音乐生成（配音、背景音乐）、视频生成与编辑（脚本转视频、字幕自动生成）等，都依赖大规模生成模型（如扩散模型、Transformer）在多模态数据上进行训练。它让非专业用户也能快速产出合格的内容，大幅降低创作门槛。

风险控制与运维优化部分是保证系统可信与高效的底层能力。金融反欺诈、交易风控、内容审核、垃圾短信过滤、入侵检测等依赖异常检测与分类模型在高危行为数据中识别风险的模式。同时，设备预测性维护、数据中心能源调度、网络流量异常预警，则通过时间序列预测与强化学习优化资源配置，降低故障率与能耗。

需要注意的是，现实产品很少只调用单一类型的人工智能模型。一套智能音箱系统会同时使用ASR、NLU、TTS、推荐与家居控制等技术；导航会结合视觉定位、路径规划、交通预测等模型；内容平台会把推荐与生成结合，既给出排序，也提供自动摘要或润色等服务。正是这些模块化能力的组合，构成了日常体验中的“无感”智能。

当我们从上述功能维度回看身边的产品时，许多看似理所当然的体验，如语音控制家电、实时避堵、精准推送的信息流、支付风险拦截、自动翻译与写作，都可以找到相应的AI技术支撑。意识到这一点，一方面有助于在学习AI原理时找到具象锚点，另一方面也提醒我们关注这些技术在隐私、安全与公平方面的治理需求。

随着多模态大模型的进一步落地，这些类别之间的边界会继续模糊，未来的智能系统将更偏向统一的从“感知→认知→决策→生成”一体化架构，而我们对“日常AI”的认知也将随之更新。后面会对各种生活中常见的AI应用进行详细介绍。

1.10　为什么 AI 突然这么火？背后推手是谁？

2022年11月，ChatGPT横空出世，短短两个月内用户数突破1亿，成为史上增长最快的消费级应用。一时间，“AI”这个词从实验室和科技新闻中走出来，成为街头巷尾的热门话题。企业争相布局，投资者蜂拥而至，政策制定者频频发声，普通用户也开始用AI写邮件、做PPT、生成图片。为什么AI会突然这么火？这背后有哪些推手？要回答这个问题，我们需要从技术、应用、商业、政策等多个维度来审视。

从技术维度来看，AI的爆发并非偶然，而是长期积累后的质变。首先是算法模型的突破。Transformer架构的提出、大语言模型的成功训练、扩散模型在图像生成上的惊艳表现，这些技术的突破让AI的能力跃上了一个新台阶。其次是算力的飞跃。GPU、TPU等专用芯片的发展，云计算基础设施的完善，让训练和部署大规模AI模型成为可能。再次是数据的积累。互联网二十多年的发展积累了海量的文本、图像、视频等数据，为AI训练提供了丰富的“养料”。算法、算力、数据这三个要素，在2022年前后达到了一个临界点，形成了技术突破的爆发点（见图1.10-1）。

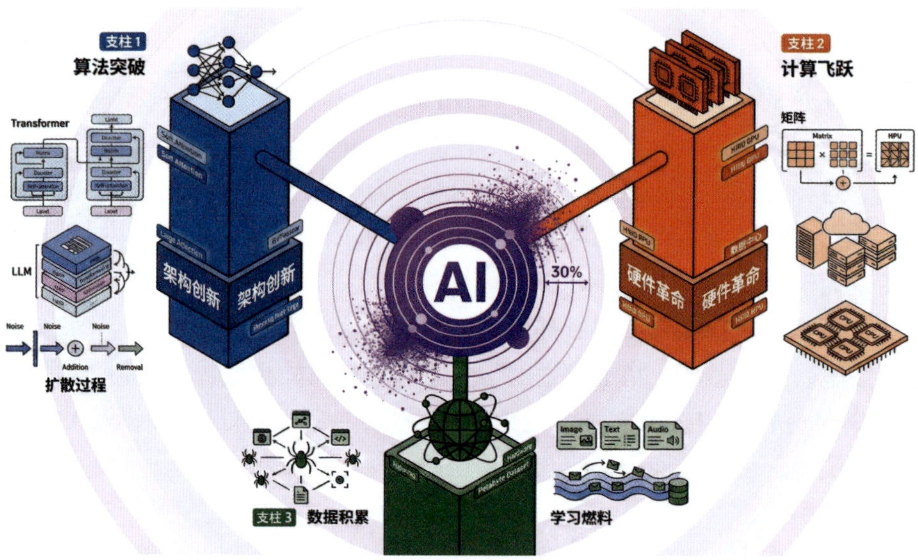

图 1.10-1　AI 爆发的三大技术支柱

从应用维度来看，AI终于变得“好用”了。ChatGPT的成功在于它降低了AI的使用门槛，不需要编程知识，不需要理解复杂的算法，只需要用自然语言提问，就能获得高质量的答案。这种“对话式交互”让AI从专业工具变成了大众产品。同时，AI生成内容的多样性也激发了人们的想象力，Midjourney让普通人也能创作出专业级的插画，Runway让视频生成变得简单，GitHub Copilot让编程效率大幅提升。这些应用不再是实验室里的演示，而是真正能解决实际问题的工具，这让AI的价值得到了最直观的体现。

从商业维度来看，AI已经成为新的增长引擎和竞争焦点。科技巨头们纷纷加大投入。微软投资OpenAI并整合ChatGPT到Office组件，谷歌推出Bard和Gemini，Meta开源Llama模型，中国的百度、阿里、腾讯等也推出了各自的大模型产品。创业公司如雨后春笋般涌现，AI领域的融资额屡创新高。传统行业也在积极拥抱AI，金融、医疗、教育、制造业等行业都在探索AI的应用场景，希望通过AI提升效率、降低成本、创造新价值。这种全行业的“AI化”趋势，让AI从技术话题变成了商业战略（见图1.10-2）。

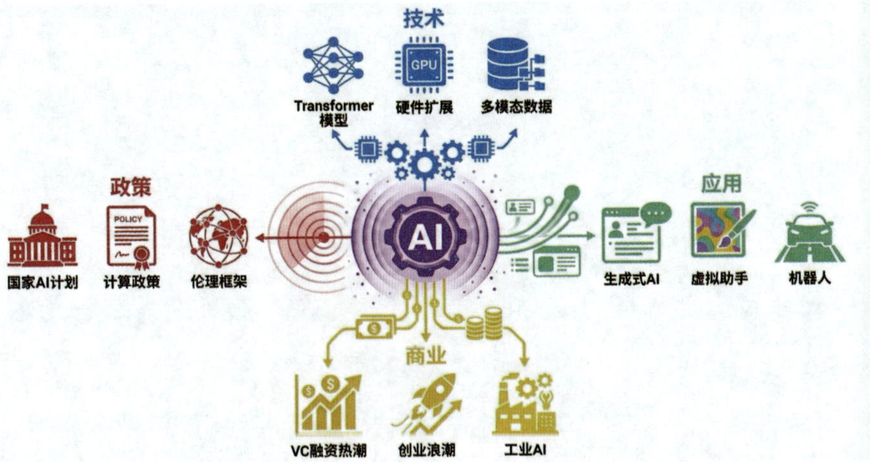

图 1.10-2　AI 热潮的多维度推动因素

从政策维度来看，各国政府都将AI视为战略竞争的关键领域。美国、中国、欧盟等主要经济体都出台了AI发展战略和政策，加大研发投入，推动产学研合作，制定相关法规和标准。这些政策不仅为AI发展提供了资金支持，也为其应用划定了边界，引导AI向有利于社会发展的方向演进。同时，国际AI竞争也加剧了技术发展的紧迫感，促使各方加快布局。

当然，AI的火爆也离不开社会心理因素。人们对新技术的期待、对效率提升的渴望、对未来的想象，都让AI成为关注的焦点。媒体的广泛报道、社交网络的病毒式传播，也让AI话题迅速升温。但我们也需要理性看待这股热潮，AI确实带来了巨大的机遇，也面临着技术局限、伦理挑战、就业冲击等问题。真正的“火”应该是可持续的、有价值的，而不是昙花一现的炒作。

综合来看，AI的突然火爆是技术突破、应用落地、商业驱动、政策支持等多重因素共同作用的结果。这些因素相互促进，形成了一个正向循环。技术突破带来应用可能，应用成功吸引商业投资，商业投入推动技术发展，政策支持为整个生态提供保障。理解这些背后的推动逻辑，不仅能帮助我们更好地认识AI的发展，也能让我们在AI浪潮中保持清醒，既拥抱机遇，也正视挑战。未来，AI将继续发展，但能否持续“火”下去，关键在于它能否真正创造价值，能否解决实际问题，能否让更多人受益。

第2章

AI思考的底层逻辑，图解原理让小白轻松看懂！

2.1　模仿人脑：什么是“神经网络”？

AI的底层规则

我们已经讲解了神经网络的概念来辨析其与人脑的不同之处。例如，我们把一张猫的照片导入计算机，计算机会怎样“看”这张图片？人类只需一眼就能认出猫，而计算机必须把图像拆成无数的数据，并逐层提炼出“什么是猫”的特征与规则。神经网络就是让计算机能够从大量数据中自动学会那些规则的机制。接下来将详细讲解神经网络的来源、结构与直观工作流程。

大脑与模型的直观类比

人类大脑是由数量庞大的神经元组成的。每个神经元都可以接收来自其他神经元的信号，在自己的“胞体”里进行简单处理，然后决定要不要把信号继续传给下一个神经元。单个神经元做的事情并不复杂，但当数百亿个神经元以网络方式连接起来时，就产生了复杂的知觉、记忆和思考（见图2.1-1）。

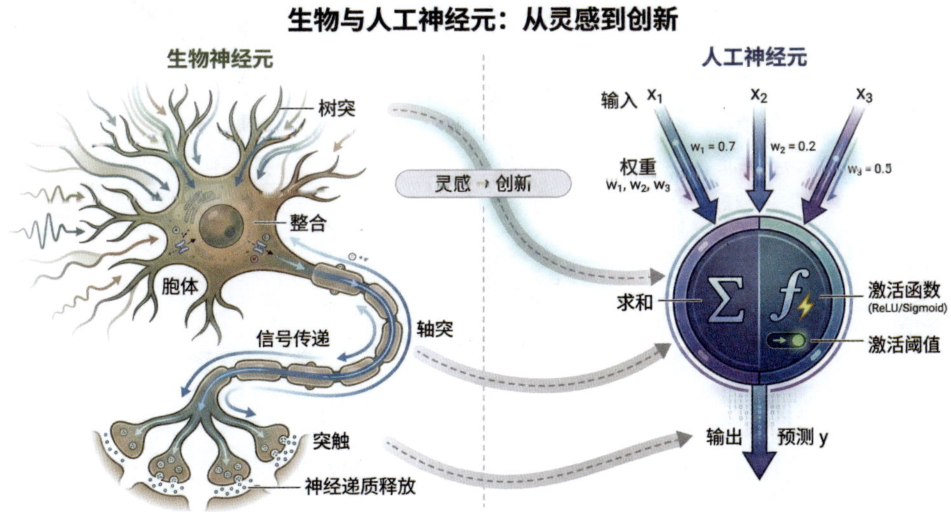

图 2.1-1　生物神经元与人工神经元的类比

人工神经网络借鉴的正是这种“很多简单单元+大量连接=复杂智能”的思路。研究者把一个个“人工神经元”当作最小处理单元，用带权重的连线把它们连成网络，让它们一起对输入的信息做一层一层的加工。虽然这些人工神经元要比生物神经元简单得多，但只要数量够多、连接方式够丰富，就能产生相当复杂的行为。

从图2.1-1可以看到，生物神经元和人工神经元的对应关系并不是“逐个结构”一一对应的，而是“功能层面”的抽象对应，树突对应“输入”、轴突对应“输出”、突触连接对应“连接强弱”。神经网络就是把无数这样的人工神经元连接在一起，试图在计算机里复刻出一种“可以通过连接变化来学习”的系统。

神经网络基本结构

如果说单个人工神经元是“大脑里的一个小点”，那么一个完整的神经网络就是由许多层小点组成的“信息流水线”。在这条流水线上，信息从左到右逐层传递，每一层都会对信息做一次加工，然后再交给下一层。最常见的一类神经网络叫作“前馈神经网络”，它的结构可以简化为：输入层 → 若干隐藏层 → 输出层（见图2.1-2）。

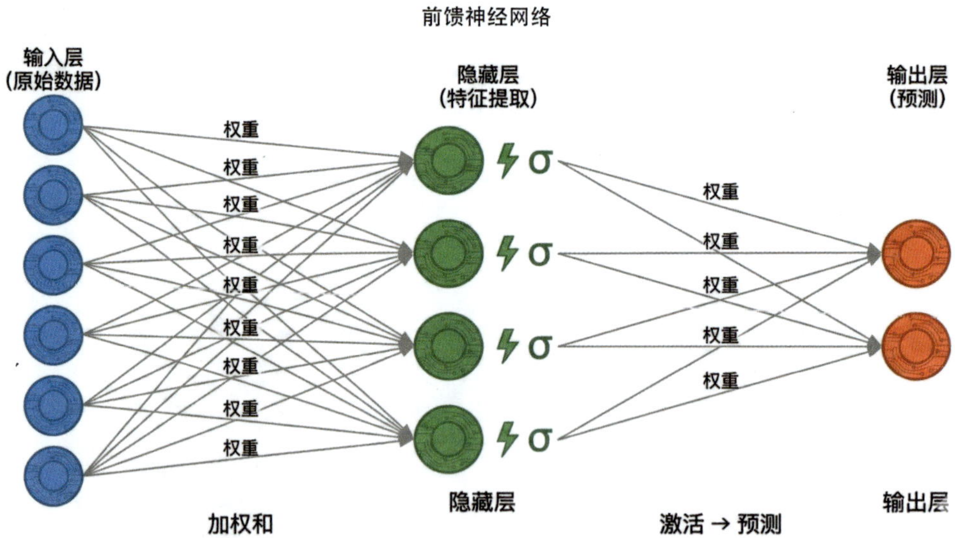

图 2.1-2　前馈神经网络的基本结构

- 最左边的输入层负责“接收”，比如一张图片的像素、一个句子的向量表示。
- 中间的隐藏层负责“理解”，一层一层地把简单信息组合成更有意义的特征。
- 最后的输出层负责“给结论”，比如“这是猫还是狗”“这句话的情感是积极还是消极”。

每一层看到的“世界”其实是不一样的，越靠近输入层，看到的越详细、越接近原始数据；越接近输出层，看到的就越抽象、越接近人类可以理解的概念。

从图像像素到头脑概念：逐层抽象的直觉

我们用图像识别来打个比方，当神经网络看一张猫的照片时，它并不是一眼就“看见一只猫”，而是一步一步抽象出来的，这也是它为什么叫“深度学习”的原因，深度指的是多层抽象（见图2.1-3）。

神经网络层次特征抽象：从像素到语义概念

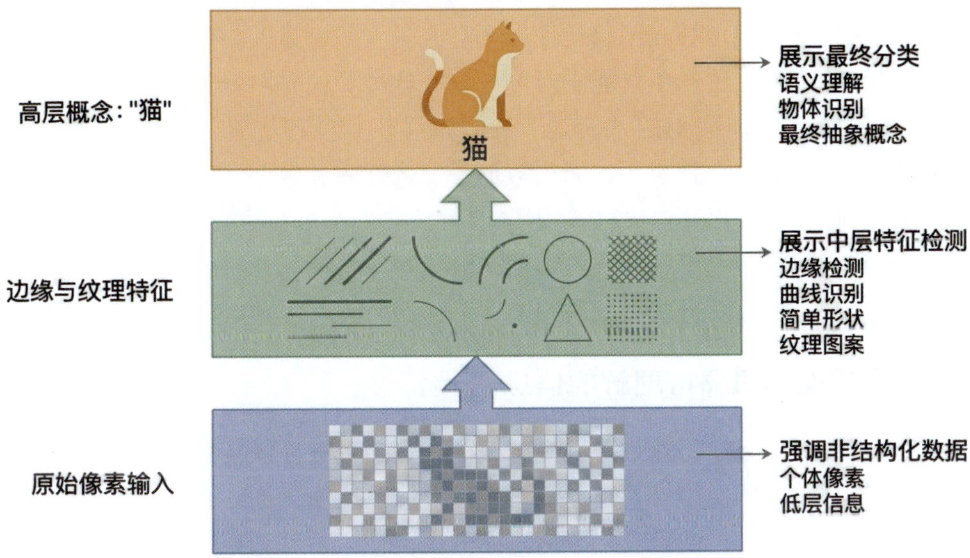

图 2.1-3　神经网络中的“逐层抽象”：从像素到“猫”

我们可以将深层神经网络进行图像识别的过程，理解为一条“理解阶梯”。

- 最底层只关心局部的明暗变化，相当于看到了线条和点；
- 中间层把线条和点组合成更稳定的形状和纹理，比如耳朵的边缘、胡须的细线；
- 顶层再把这些局部形状拼在一起，形成有尖耳朵、有胡须、有特定轮廓的整体特征，这时，“猫”这个概念就浮现出来了。

神经网络正是通过这种“由细到粗、由局部到整体”的层层组合，让计算机学会在数据中发现模式和结构。

通过以上学习，我们可以先把一个朴素的概念记在心里，神经网络，就是借鉴大脑“神经元+连接”结构的一种信息处理方式。接下来，我们会进一步拆解这套机制，从数据、训练、记忆等不同角度，看看这台“人工大脑”究竟是如何一步一步搭建起来的。

2.2 数据驱动：AI 靠“吃数据”成长

基于数据的AI

想象两家公司同时要做商品推荐，一家只有几十条用户日志，另一家有百万级别的点击量、购买量与评价数据。哪一家更容易把推荐做得准？答案显而易见，在AI世界里，数据就是“经验”和“教材”。

在前文中，我们把神经网络比作一个“人工大脑电路”。但电路再精妙，没有“信号”输入就无法产生智能。对AI而言，这个“信号”就是数据。数据不只是“原料”，更是训练AI的“元素”和“教材”。没有足够、干净、多样的数据，模型的表现就会大打折扣，而当数据量、数据质和数据多样性不断提升时，模型的能力也会相应提升、突破。

下面我们继续用图解的方式，讲清楚数据是什么、它为何重要、AI如何通过“吃数据”成长，以及为什么大语言模型对数据的需求量尤为巨大。

数据将世界变为机器可理解的信息

最直观的解释，数据就是对世界的记录和刻画。它可以是数值表格、文本段落、图片视频、传感器信号，也可以是事件日志、地理轨迹、交互点击等行为痕迹。数据之所以宝贵，在于它把原本模糊的现实转化为可计算的形式，让机器有机会“看见、听见、读取”世界，从而学习其中的模式（见图2.2-1）。

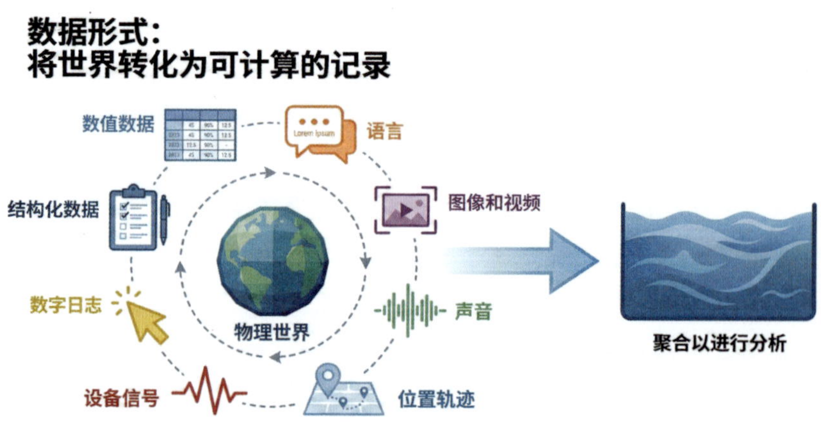

图 2.2-1 数据的多种形态：把世界转换成可计算的记录

对神经网络来说，数据不仅是输入，更是“老师”和“练习题”。越丰富、越干净、越贴近真实分布的数据，越能帮助模型学到可泛化的模式。反过来，数据缺失、偏倚或噪声都会在训练中被“放大”，最终影响模型在现实场景中的表现（见图2.2-2）。

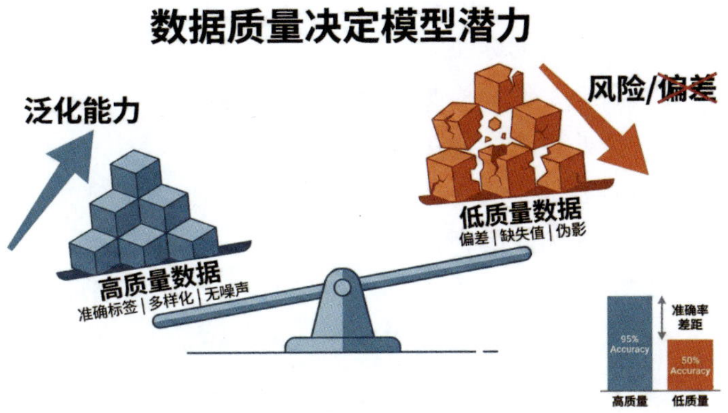

图 2.2-2　数据质量决定模型能力上限

换句话说，神经网络的“聪明程度”由三件事共同决定：数据、模型结构和算力。其中数据是决定“能学到什么”的要素，判断数据优劣与否主要需考虑以下几个方面。

- 覆盖面：数据是否覆盖真实场景的多样性和长尾情况；
- 纯净度：是否存在错误标注、噪声、偏倚；
- 代表性：分布是否与未来使用场景一致。

当数据满足“广、准、真”的特点时，模型才能在训练后稳定地迁移到真实世界。

从数据到能力：典型管线与关键环节

使用高质量数据训练人工智能模型的流程（见图2.2-3），可以视作一条从“原料”到“模型能力”的产业链。核心步骤包括采集与汇聚→清洗与标注→质控与治理→训练与验证→上线与反馈回流的全链路流程。

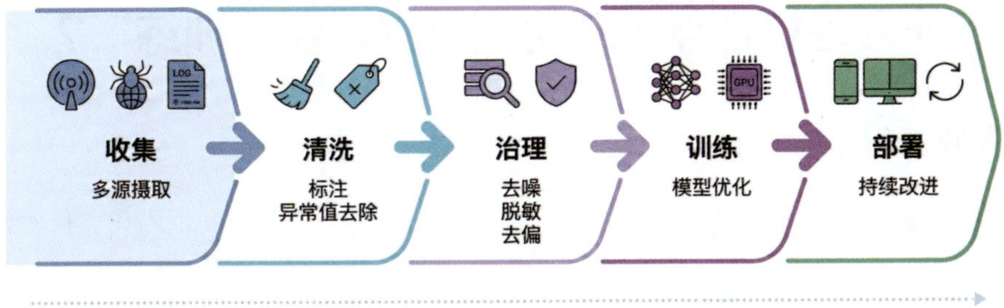

图 2.2-3　数据驱动模型的典型管线

数据于人工智能而言相当于建筑的地基，是基础且重要的工程。数据工作的关键点主要包括以下内容。

- 好数据是选出来和做出来的，需要去重、脱敏、纠错、统一格式，并在必要时进行人工或半自动标注。
- 数据治理贯穿始终，偏倚检测、合规审查（隐私、版权）、安全过滤（有害内容）等数据处理工作要在训练前做扎实。
- 反馈闭环促进持续进化上线后的用户反馈、错误案例、新场景数据要回流，驱动模型再训练或微调。

如今的大语言模型中的“大”字，不仅是对神经网络参数量的描述，同样也隐含了对数据量的需求，要做到“通用对话、理解长文本、生成高质量内容”，需要拥有广覆盖的语料和长程依赖的能力，这背后有三个原因。

- 覆盖广度：内容涵盖事实、常识、写作风格、领域术语，想要大模型做到“什么都聊、什么都懂”，必须使其接触足够多样的数据。
- 上下文长度与细节：长文本推理和多轮对话要求模型学到跨段落、跨章节的依赖关系，训练时需要大量包含长上下文的语料。
- 分布外泛化：真实用户的提问往往混合口语、专业术语、代码、表情符号，甚至存在跨语言混杂的情况，只有极大规模和多样性的训练数据才能让模型在分布外输入上保持稳健。

当参数量上升到数十亿、上千亿级别时，模型会出现“能力跃迁”，但前提是数据量、数据质也要同步提升并精心过滤。否则，大模型可能出现幻觉、偏见或事实性错误。

总而言之，好数据意味着好特征，好特征能够得到好模型，并最终得到好输出。在后续的内容中，我们会讲解，数据不仅是训练的燃料，也是评估、对齐、治理的基石，而对大模型而言，“吃得多、吃得好、吃得干净”是它们变得可靠、通用的核心条件之一。

2.3 什么是机器学习？为什么 AI 要“训练”？

知识来源于积累

人类所拥有的“融会贯通”的能力，都来源于长久以来的知识积累和不断地学习。回想一下我们学习一个新知识并最终运用它的整个过程：首先会了解最基本的概念，然后不断深入思考，并拓展和它有关的所有知识，最后进行整合，得到了运用自如的能力。这是一个由量变引起质变的过程，而在AI领域，机器学习的训练也是如此。

机器学习的概念辨析

要了解机器学习的概念，首先我们应该回答一个更基础但经常被混淆的问题，人工智能、机器学习、深度学习之间到底是什么关系？为什么说要让AI变聪明，一定离不开“训练”？

如图2.3-1所示，人工智能是追求“让机器表现出智能”的大目标，机器学习是实现这个目标的一类重要方法，深度学习则是机器学习中最成功，也是今天大模型最常用的技术路线之一。

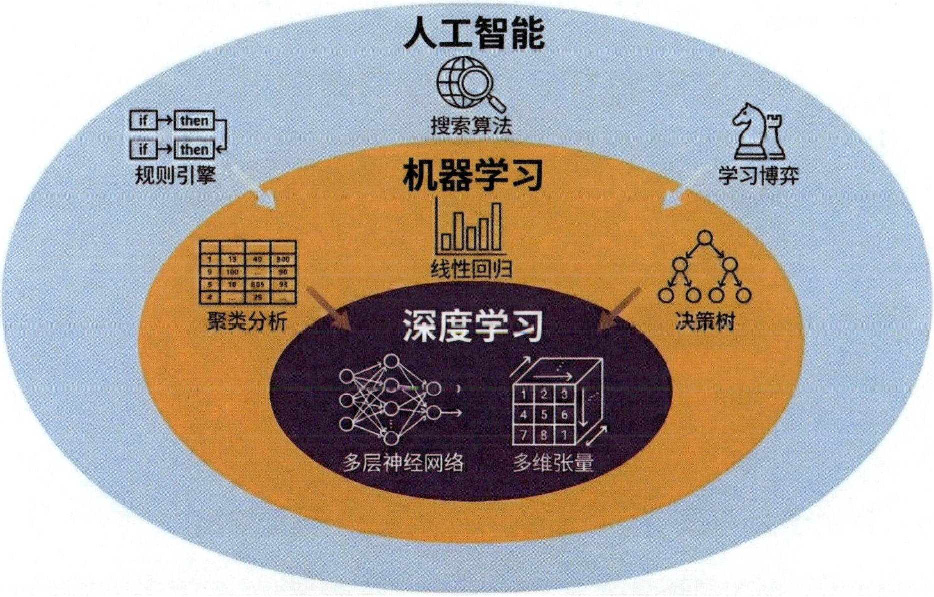

图 2.3-1　人工智能、机器学习和深度学习的关系

辨析三者的关系，具体内容如下。

- 人工智能是一个较为宽泛的范畴，只要能让机器表现出某种“智能行为”都属于它，包括规则系统、搜索与规划等。
- 机器学习（Machine Learning，简称ML）是AI学习中的一类方法，特点是“靠数据学规律”，不完全依赖人工写死的规则。
- 深度学习则是机器学习里的一个重要分支，用多层神经网络从大量数据中自动提取特征，是今天视觉、语音、自然语言处理和大模型的核心技术路线。

其中，机器学习作为人工智能中最主流的训练方法之一，就是让计算机通过数据自己找到规律，并用这些规律对新情况作出判断或生成结果。它与传统编程最大的不同在于，它不再完全依赖工程师逐条写“如果……就……”的规则，而是由模型在大量历史样本中归纳出这些隐含规则，并以参数的形式记住它们。

机器学习的训练过程

开启机器学习，通常需要准备好三样东西。

- 代表“过去经验”的数据；
- 清晰的任务目标（分类、预测、排序、生成等）；
- 一套可训练的模型结构和对应的训练方法。

在准备好之后，我们就可以开始如图2.3-2所示的训练过程。

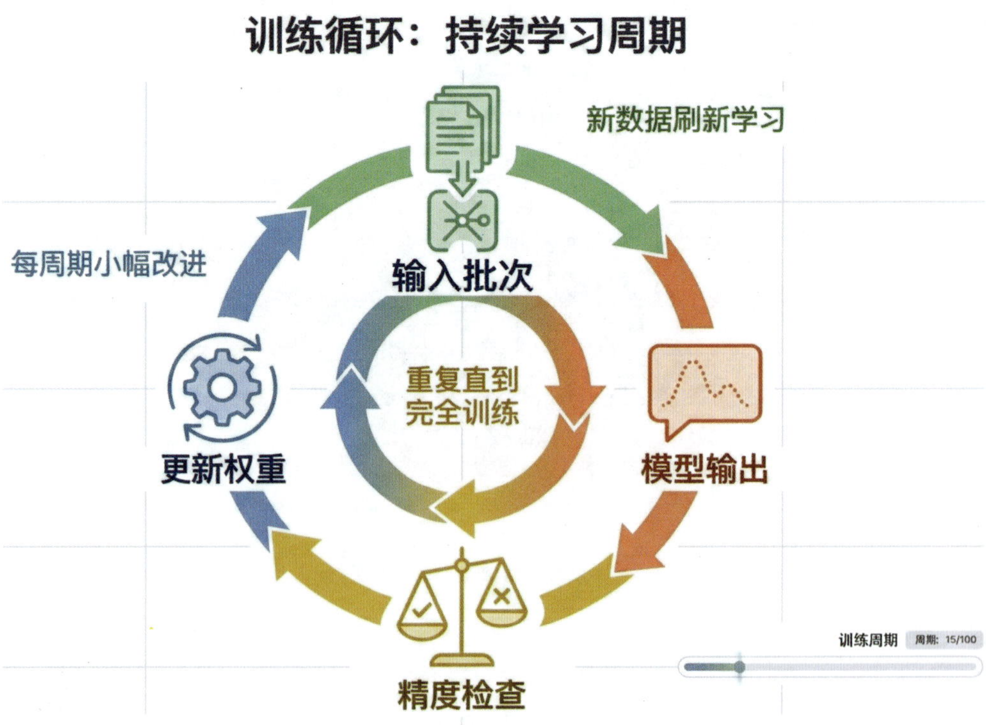

图 2.3-2　训练的闭环：在数据中不断试错和修正

上方的绿色部分，代表用历史数据让模型先“试着做一遍”，并得到模型的输出结果。之后，模型会将输出的结果和目标信号（标签、伪标签或奖励）进行比较，看看目标与结果之间存在多少差距。之后，根据这个差距调整模型内部的参数，使得下一次循环少犯同样的错误。

整个训练过程就是如此进行循环往复，我们称之为一个“Epoch”。当“Epoch”达到预定的轮次，或者在多次循环后结果没有改善，就会停止循环，此时就得到了一个训练好的模型，形成了一种对世界的“统计性理解”。大语言模型的训练也是如此，只不过模型规模更大、数据更多、训练阶段更多（如预训练、微调、对齐等）。

理解了这一点，我们在后续讲解大模型、对齐、安全和应用时，就能始终记住一个底层逻辑，模型的“聪明与偏差”，其根源都在于它在何种数据、何种目标、何种训练范式下训练。

2.4　深度学习是怎么一层一层“看问题”的?

从说文解字看深度学习

我们在读一篇长文章时，先读字词，再读句子，最后把段落串联成全文要点。这种从细节到整体的理解过程，就是深度学习“层层抽象”的直观比喻。对于同一张图片，浅层模型可能只能捕捉局部纹理，而深层模型能把这些纹理组合成可识别的对象（例如猫或人脸）。在实际工程中，深度结构让模型既能处理微观细节，又能把握宏观语义，但它也对数据量、算力和优化策略提出更高要求。接下来将讲清楚“深度”的直观含义、逐层抽象的机制，以及工程实践的要点。

深度学习的结构

在上文中，我们提到深度学习是机器学习的一个重要分支，它使用多层神经网络从海量数据中自动学习特征。那么，什么是“深度”？为什么说深度学习是“一层一层看问题”？

从图2.4-1可以看到，“深度”指的是网络有很多层，层数越多，参数量也越多，包含的信息越多，其能够表达的特征也就越多。传统机器学习方法可能只有2～3层，而深度学习网络可以有几十层、上百层甚至更多。每一层都会对信息进行一次加工和抽象，层数越多，模型就能学到越复杂的特征组合。

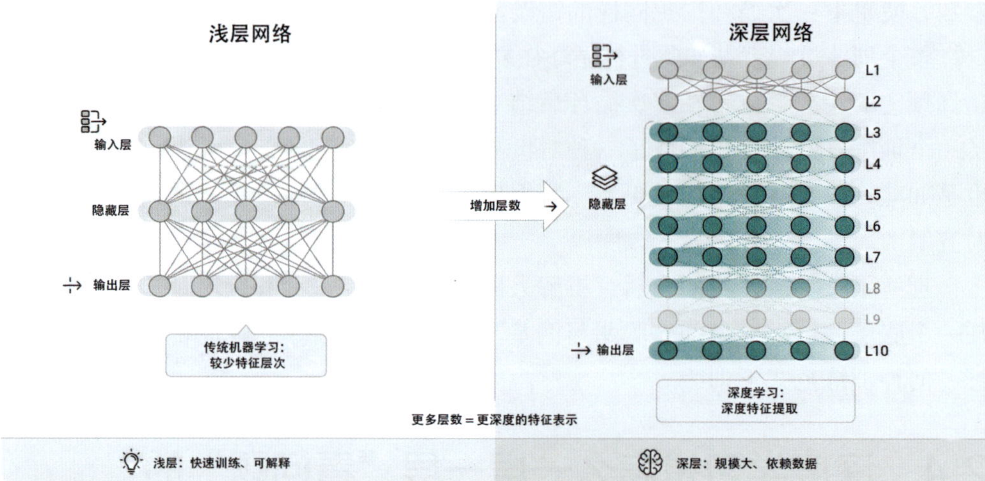

图 2.4-1　浅层网络与深层网络的对比

深度学习的核心思想是“逐层抽象”（见图2.4-2）。每一层都把前一层输出的信息进行组合和提炼，形成更高层次的特征表示。深度学习是从底层细节逐步构建高层语义的过程。

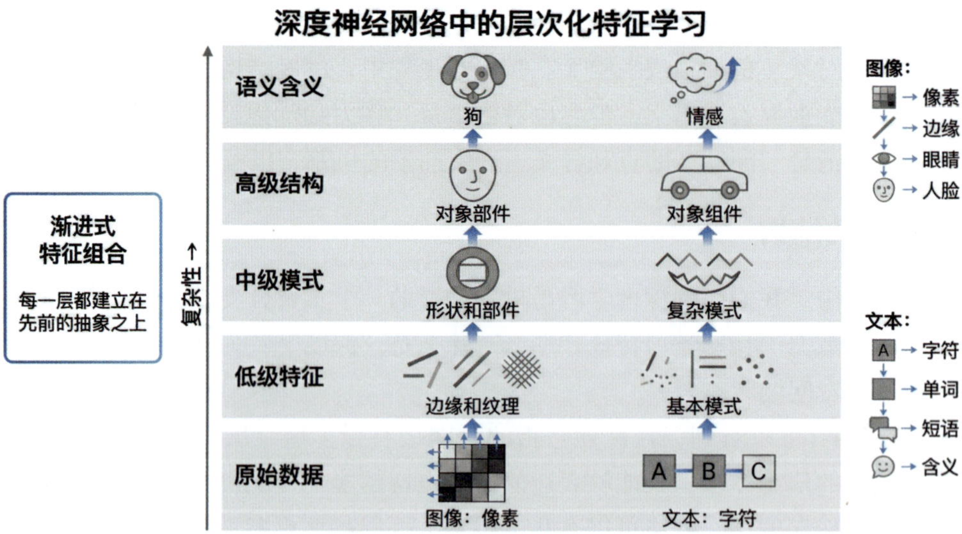

图 2.4-2　深度学习的逐层抽象过程

- 底层（第1～2层）：识别最基础的视觉元素，如边缘、线条、颜色块、简单的纹理模式，这些就像我们看画时最先注意到的“笔触”。
- 中层（第3～5层）：把底层特征组合成更复杂的形状和局部模式，比如“眼睛的轮廓”“耳朵的形状”“毛发的纹理”，这些相当于画中的

“局部结构”。

- 高层（第6层及以上）：进一步组合中层特征，形成完整的对象和语义概念，比如“这是一只猫”“这是一个人脸”，这时模型已经“理解”了图像的整体含义。

深度学习的完整流程

在深度学习中，每一层都在做“特征提取和组合”的工作，接收下层传来的信息，通过大量可学习的参数（权重）进行变换，输出更抽象、更有意义的标签。这种设计让模型能够自动发现数据中的层次化结构，而不需要人工设计特征。

如图2.4-3所示，我们可以看到深度学习的完整工作流程。信息从输入层进入，经过每一层的处理和抽象，最终在输出层得到结果。这个过程是“端到端的”，模型不需要人工设计中间步骤，而是通过大量数据训练，自动学会如何从原始输入一步步抽象到最终输出。

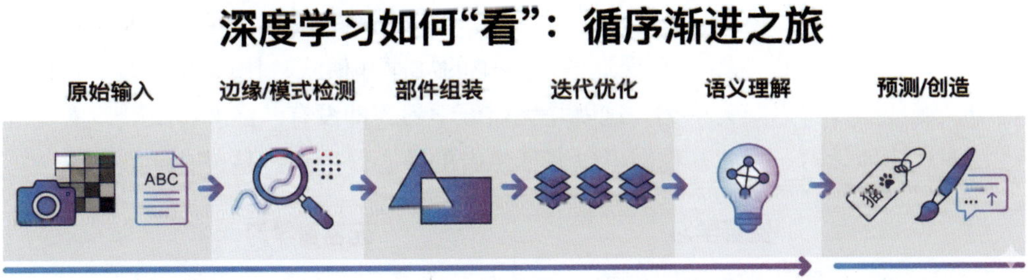

图 2.4-3　深度学习的完整“看问题”流程

总而言之，深度学习通过多层网络，一层一层地对信息进行抽象和组合，从底层细节逐步构建高层语义，最终实现对复杂数据的理解和处理。相比于其他机器学习方法，其优势可以总结为以下三点。

- 自动特征学习：不需要人工设计特征，模型自动从数据中发现有用的模式；
- 层次化表示：通过多层抽象，能够同时捕捉细节和全局信息；
- 端到端优化：整个系统联合训练，避免了特征设计和模型训练之间的不匹配。

2.5 监督学习和无监督学习

没有标准答案的学习

在我们多数学习过程中，都是有参考答案的，例如我们根据习题答案判断一道数学题做得正确与否，依据老师的点评思考一道语文题的回答是否严谨、合乎逻辑。然而还有一部分的学习实际上是没有参考答案的，尤其是在科研中，我们正因为不知道答案是什么，才会需要去探索一条正确的道路，而在这条路上，我们需要总结规律、不断归纳才能够得到新的成果。如果我们把这个“参考答案”看作“监督”的话，这也就是监督学习和无监督学习之间的差别。

监督与无监督的对比

要理解这两种学习方式的区别（见图 2.5-1），我们可以用一个简单的类比，想象一下两种不同的学习场景。第一种场景是老师给我们展示很多图片，每张图片上都标注了“这是猫”或“这是狗”，然后让我们学习如何区分猫和狗，这就是监督学习，即有“标准答案”的学习。第二种场景是，老师给我们一堆没有标注的图片，让我们自己观察、发现这些图片中的规律和模式，比如哪些图片看起来相似，哪些图片可以归为一类。这就是无监督学习，即没有“标准答案”，需要自己发现规律地学习。因此，我们可以概括二者的核心区别为“是否有标准答案”。

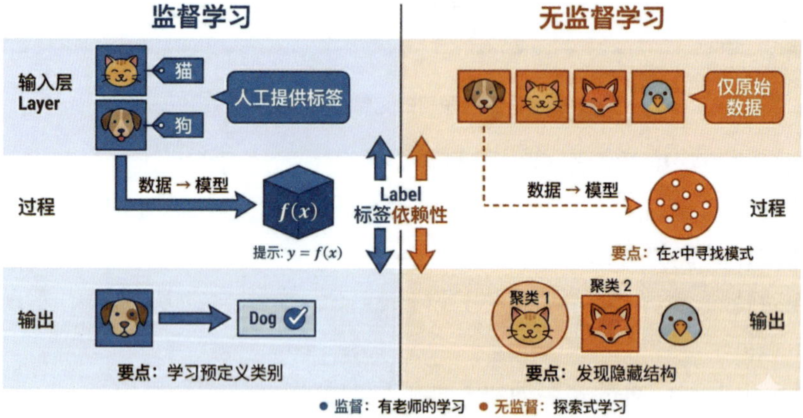

图 2.5-1 监督学习与无监督学习的核心区别

- 监督学习的核心特点是“有标签”。在训练过程中，每一份数据都有对应的正确答案，AI模型通过比较自己的预测和正确答案之间的差异，不断调整自己的参数，最终学会从输入数据中预测出正确的标签。

- 无监督学习的核心特点是“无标签”。训练数据中没有任何标注信息，AI 模型需要自己从数据中发现隐藏的模式、结构或规律。

监督与无监督的应用方式

监督学习是目前应用最广泛的学习方式，其应用领域广泛，包括常见的图像识别与分类、文本分类、语音识别以及预测任务等（见图2.5-2）。

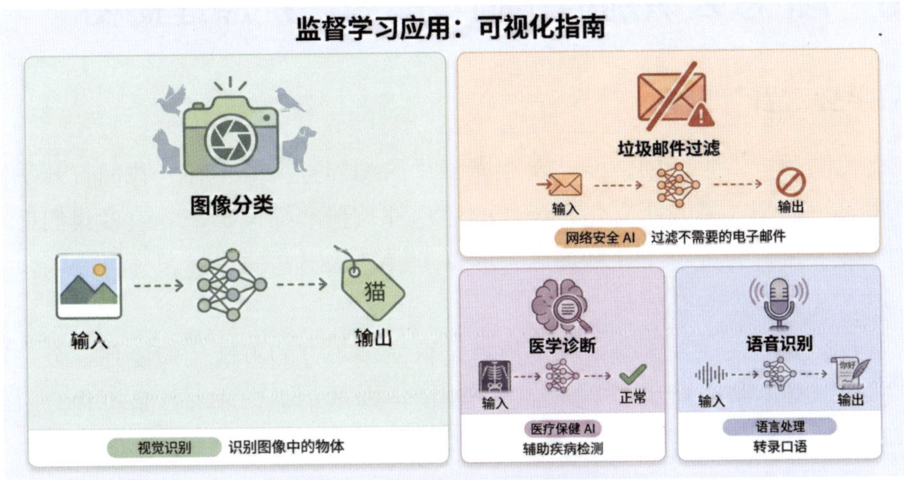

图 2.5-2　监督学习的常见应用场景

虽然无监督学习没有“标准答案”作为指导，但它同样有着重要的应用价值。无监督学习特别适合那些我们不知道正确答案是什么，或者标注数据成本太高的场景，例如聚类分析、异常检测、推荐系统、数据降维与可视化等（见图2.5-3）。

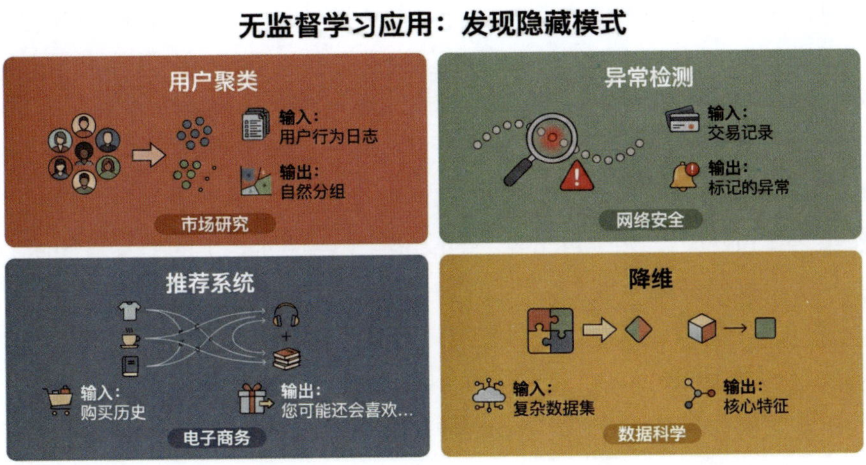

图 2.5-3　无监督学习的常见应用场景

在实际应用中，我们往往面临这样的困境，标注数据成本很高，但未标注的数据却很容易获得。比如，要训练一个医疗影像诊断系统，需要医生花费大量时间标注影像，但未标注的影像数据却很多。这时我们可以使用半监督学习，结合少量标注数据和大量未标注数据来训练模型。半监督学习就像学生既做有答案的练习题，也做没有答案的题目，通过两种方式的结合来提高学习效果。

2.6 AI怎么识别猫和狗？图像识别原理揭秘

当AI学会“看”世界

在我们的日常生活中，能“看”懂图片的AI简直无处不在，我们打开手机相册，输入“猫”，瞬间所有包含猫咪的照片都被精准筛选出来。或者我们把手机对准一朵不知名的野花，几秒钟后，屏幕上就显示出它的名字和科属信息。

那么这一切到底是如何发生的？

对我们人类来说，区分猫和狗简直是再简单不过的事情。即使是一个三岁的孩子，也能毫不费力地指着毛茸茸的动物说“这是小猫”或“这是小狗”。但如果让我们解释为什么能做到这一点，我们可能会一时语塞。

“因为……它看起来就是一只猫嘛！”

这个“看起来就是”的背后，隐藏着人类视觉系统亿万年进化的智慧。而让计算机也学会这种“一眼就知道”的能力，正是图像识别所要解决的核心问题。

计算机眼里的图像：本质上还是数字

在理解AI如何识别图像之前，我们首先需要明白一个根本性的问题，计算机是如何“看懂”一张图片的？答案可能会让我们有些意外，在计算机眼中，根本不存在什么“图片”，只有数字。

（1）像素：图像的最小单位

把任何一张照片放大再放大，我们最终会看到一个个小方块。这些小方块就叫作像素（Pixel），是“Picture Element”（图像元素）的缩写。如图2.6-1所示，展示了一张猫咪图片放大后的像素点排列。

也就是说，我们可以把任何一张计算机、手机等电子设备中的图片想象成一幅巨大的马赛克画，每一块马赛克就是一个像素，而整张画面就是由成千上万个这样的小色块拼接而成。当这些色块足够小、数量足够多时，我们的眼睛就无法分辨它们之间的界限，于是看到了一幅连续、自然的画面。

图 2.6-1　猫咪图片的像素点排列

（2）用数字描述颜色

既然图像是由像素组成的，那么每个像素又是什么呢？答案是每一个像素都是一组数字，用来描述该位置的颜色，如表2.6-1所示。

表 2.6-1　数字描述颜色

颜色	R（红）	G（绿）	B（蓝）	直观描述
纯红色	255	0	0	只有红光且最亮
纯绿色	0	255	0	只有绿光且最亮
白色	255	255	255	三种色光都有且最亮
黑色	0	0	0	完全没有光
黄色	255	255	0	红光和绿光混合

最常见的计算机颜色表示方法叫作RGB模式。RGB代表红（Red）、绿（Green）、蓝（Blue）三种基本色光。就像画家用三原色调配出各种颜色一样，计算机用这三种光的不同强度组合来表示几乎所有颜色。需要注意的是，颜料的三原色是红、黄、蓝，不同于我们此处所讲的色光的三原色。

三原色的强度通常用0到255之间的数字来表示：0表示完全没有这种颜色的色光，255表示这种颜色的色光最强。三原色的色光按照不同比例混合就能得到其他任何颜色的光，如图2.6-2所示。

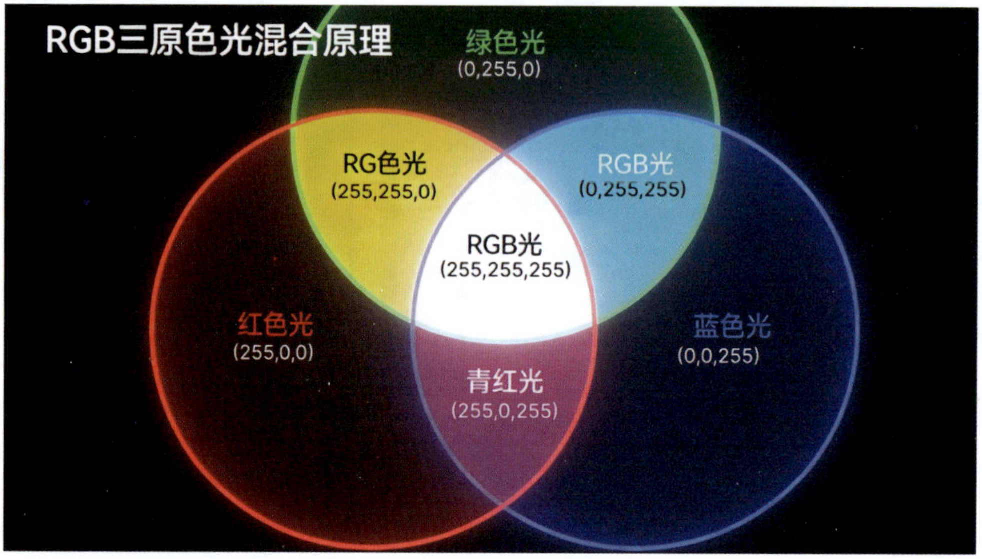

图 2.6-2　RGB 三原色光混合原理

（3）一张图片就是一张巨大的数字表格

现在我们可以理解了，对计算机来说，一张彩色图片就是三个巨大的数字表格（分别对应R、G、B三个颜色通道），每个表格中的每个格子都填着0到255之间的一个数字。假设有一张非常小的图片，只有4×4=16个像素。它在计算机中可能是这样存储的（见图2.6-3）。

SCSS

红色通道（R）：

120	130	125	118
122	135	140	121
118	128	133	116
115	120	125	112

绿色通道（G）：

80	85	82	78
82	90	95	80
78	85	88	75
75	80	82	72

蓝色通道（B）：

60	62	58	55
61	65	68	59
58	63	66	54
55	58	60	52

图 2.6-3　图的数字存储

所以，计算机所"看到"的图像世界，并不像人类所看到的那样有形状、有轮廓、有色彩，计算机根本就没有"狗"或者"猫"的概念，它所看到的只有数字。而AI的任务就是从这一堆数字中找到规律，学会判断这组数字代表猫还是代表狗。

为什么识别图像这么难?

既然图像只是数字，那直接比较数字不就行了吗？比如，保存100张猫的照片，当新照片来的时候，看看和哪张最像。这个想法听起来合理，但实际上几乎不可能实现。原因在于，同一只猫的不同照片，数字可能天差地别。

（1）同一只猫，数字可能完全不同

现在我们给自己家的猫拍了三张照片：照片A里猫蹲在阳光下的草地上，那么照片色调整体会偏黄绿色并且明亮；照片B里猫趴在阴天的沙发上，照片则是偏灰冷的色调；照片C里猫咪在夜晚的台灯下走动，照片的色调偏暖黄色，对比度高，如图2.6-4所示。

图 2.6-4　同一只猫在三张不同的照片

虽然照片里都是同一只猫，但由于光线、背景和色温的不同，这三张照片对应的数字几乎没有任何相似之处。

不仅如此，由于同一只猫在拍摄时的角度不同、大小不同、姿态不同、遮挡不同以及不同猫品种之间的个体差异，其对应照片的数字组合也千差万别。所以想要通过存储大量照片来覆盖几乎所有情况的方法显然是不现实的。

（2）人类是如何识别照片的

回想一下我们是如何学会认识猫的。当我们还是个婴儿时，爸爸妈妈可能指着一只猫说："看，这就是小猫咪。"后来在书上、电视上、街上看到了各种各样的猫。渐渐地，我们的大脑通过长久的学习自动提取出了"猫"的一些核心特征作为辨识依据。例如，尖尖的耳朵、竖直的瞳孔、长长的胡须、柔软的毛发、优雅的体态以及拱起的背等。

这些特征构成了我们关于“猫是什么样的”这一抽象概念的理解，下次，当我们再遇到一只从未见过的猫时，我们就能立刻认出它。

那么AI能否学习人类辨认物种的方法，也从大量的具体案例中，提取出事物本质的、抽象的特征呢？这就是传统的机器学习方法。

传统方法：手动标记特征

在大语言模型所依赖的深度学习方法崛起之前，计算机科学家们尝试用一种“先知先觉”的方式来解决图像识别问题，由人类专家手动标记特征。

（1）什么是“特征”？

特征可以理解为图像中那些有意义的，可以帮助区分不同类别的信息。对于猫来说，尖尖的耳朵、竖立的瞳孔、长长的胡须、柔软的毛发、优雅的体态以及弓起的背等描述都是猫的特征。如果能把这些特征转化成数字语言，计算机就能用这些数据来判断图像内容，因为早期不具备自然语言理解能力的计算机只能理解和区分数字的规律。

（2）边缘检测：找出轮廓

早期最重要的特征之一是边缘（Edge）。边缘是图像中颜色或亮度发生急剧变化的地方。物体的轮廓、纹理的边界、阴影的分界线都会形成边缘。

如何检测边缘呢？一个简单的方法是检查相邻像素的差异。假设我们有一排像素，亮度值如图2.6-5所示。

位置：	1	2	3	4	5	6	7	8
亮度：	50	52	55	180	185	182	55	52
			↑ 猫的边缘开始			↑ 猫的边缘结束		

图 2.6-5　亮度值

从位置3到位置4，亮度从55跳到180，变化了125，这是一个剧烈的变化，说明这里可能有边缘。同样，从位置6到位置7，亮度从182降到55，也是边缘的特征。通过这种方法，我们可以找出图像中的轮廓线，把一团复杂的颜色“简化”成一幅线条画。

（3）方向梯度直方图：更智能的轮廓描述

仅仅知道“哪里有边缘”还不够，我们还想知道边缘朝向哪个方向。比如，猫的耳朵通常有两条向上倾斜的边缘线，形成一个尖角。如果能检测到这种“向上倾斜的边缘”，就可能找到猫的耳朵。

方向梯度直方图（Histogram of Oriented Gradients，简称HOG）就是这样一种方法。它把图像分成很多小格子，统计每个格子里边缘的方向分布，最后形成一个“方向指纹”，如图2.6-6所示。

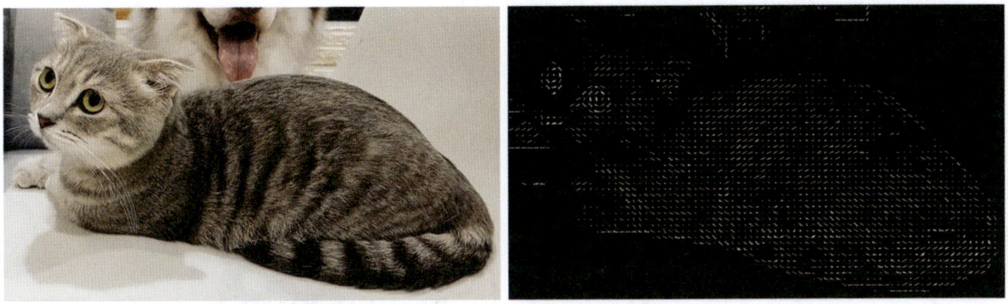

图 2.6-6　猫照片的 HOG 示例

（4）传统方法的困境

这些人工设计的特征确实有效，HOG特征在行人检测、人脸识别等任务上取得了不错的成绩，但伴随而来的问题也很明显，例如。

- 需要各领域的专家参与：对数据特征的把握需要对任务有深刻理解，需执行者很强的专业能力；
- 难以推广，泛化性差：物与物之间的差异性巨大，识别人脸的特征，不一定能用来识别汽车；
- 性能上限：无论多么精心设计，手动标记能捕捉的信息终究有限。

因此科学家们一直在思考，有没有一种方法能让计算机自己学会提取特征，这样就不用人工来标记特征了。

卷积神经网络：让AI学会自己“看”图像

2012年，一个名叫AlexNet的神经网络在ImageNet图像识别比赛中一战成名。它的错误率比第二名低了整整10个百分点，震惊了整个学术界。AlexNet的核心思想并不新鲜，但这是卷积神经网络（Convolutional Neural Network，简称CNN）可以在真实世界的图像识别任务中大显身手的第一次证明。接下来，让我们一层一层地揭开CNN的神秘面纱。

（1）从生物视觉中获得灵感

CNN最初的设计灵感来自对人类视觉系统的研究。1959年，神经科学家休布尔（Hubel）和威塞尔（Wiesel）做了一个著名的实验。他们在猫的大脑视觉皮层中插入电极，然后给猫看各种图案。他们发现，猫大脑中的某些神经元只对特定方向的边缘起反应。有的神经元喜欢水平线，有的喜欢垂直线，有的喜欢45度倾斜线……这个发现表明，视觉处理是分层的。

- 第一层：检测简单的边缘和方向；
- 第二层：把边缘组合成角、曲线等形状；
- 第三层：把形状组合成局部结构（比如眼睛、鼻子）；
- 更高层：识别完整的物体。

CNN正是模仿了这种层次化的处理方式，如图2.6-7所示。

图 2.6-7　生物视觉的层次化视觉处理方式

（2）卷积操作：用“滤镜”扫描图像

CNN最核心的操作叫作卷积（Convolution）。这个名字听起来很数学化，但原理其实很容易理解。

假设我们有一个小小的“放大镜”，这个放大镜只能看到图像的一小块区域（比如3×3像素）。现在，我们拿着这个放大镜，从图像的左上角开始，一格一格地移动，扫描整张图像。每到一个位置，放大镜就会给出一个“评分”，表示这个区域与某种特定模式的相似程度，操作方法如图2.6-8所示。

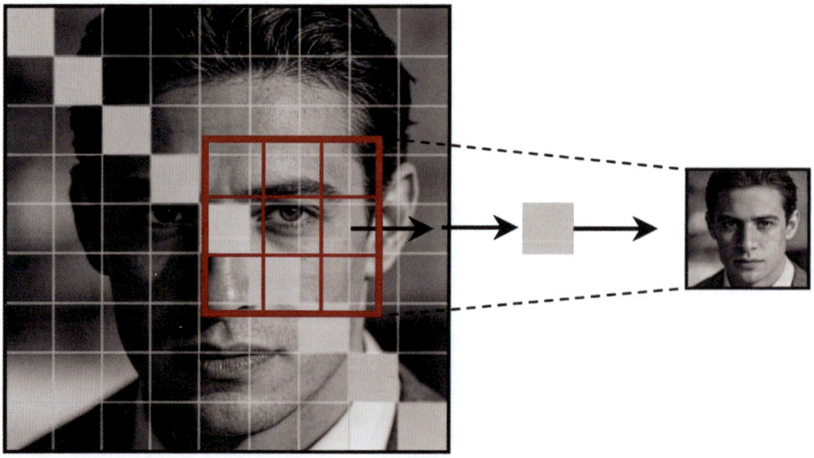

图 2.6-8　针对图像的卷积操作示意图

这个“放大镜”在计算机学科术语中叫作卷积核，也叫作滤波器。不同的卷积核专门检测不同的特征。让我们通过一个具体的例子来理解。这里有一个专门检测垂直边缘的卷积核，如图2.6-9所示。

卷积核（3×3）：

–1	0	1
–1	0	1
–1	0	1

图 2.6-9　卷积核

这个卷积核有什么魔力呢？让我们看看它在不同区域上的表现。

- 场景1：扫描一个没有边缘的区域（亮度均匀），如图2.6-10所示。

图像区域：

100	100	100
100	100	100
100	100	100

计算过程：

100 × (–1) + 100 × 0 + 100 × 1 +
100 × (–1) + 100 × 0 + 100 × 1 +
100 × (–1) + 100 × 0 + 100 × 1
= –300 + 0 + 300 = 0

结果 = 0（没检测到边缘）

图 2.6-10　没有边缘的区域

- 场景2：扫描一个垂直边缘区域（左暗右亮），如图2.6-11所示。

图像区域：

50	100	200
50	100	200
50	100	200

计算过程：

50 × (–1) + 100 × 0 + 200 × 1 +
50 × (–1) + 100 × 0 + 200 × 1 +
50 × (–1) + 100 × 0 + 200 × 1
= –150 + 0 + 600 = 450

结果 = 450（强垂直边缘！）

图 2.6-11　垂直边缘区域

这个卷积核会给垂直边缘一个很大的正数，而给均匀区域一个接近零的数。这样，扫描完整张图后，我们就得到了一张“垂直边缘地图”，哪里数字大，哪里就有垂直边缘。如果是从亮变暗的边缘，结果可能是负数（比如-450），这同样表示检测到了强烈的垂直边缘，只是方向相反。

（3）多个卷积核：从多角度观察

一个卷积核只能检测一种边缘模式，为了全面理解图像，我们需要多个不同的卷积核，这些卷积核分别检测水平边缘、垂直边缘、倾斜边缘以及曲线边缘等。

每个卷积核扫描完整图像后，都会生成一张“边缘地图”。把所有地图汇总起来，就能得到图像的全面信息，如图2.6-12所示。

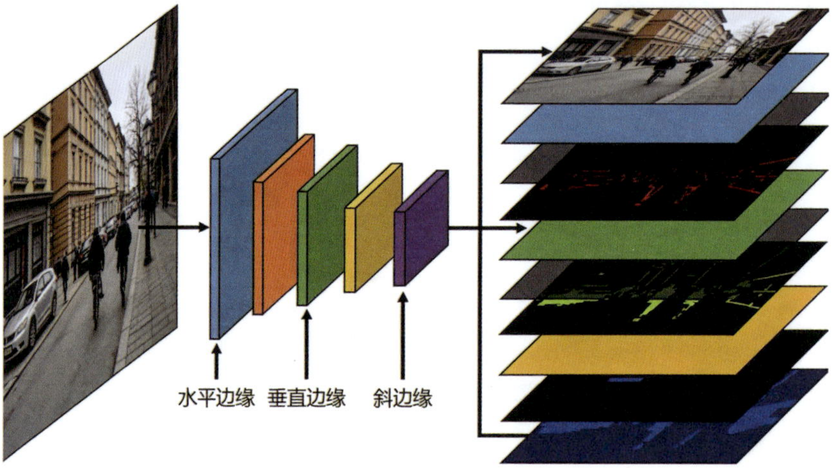

图 2.6-12　第一层卷积后的各类边缘分布图层

在实际的CNN中，第一层可能有64个甚至更多的卷积核。这意味着，经过第一层卷积后，一张图像会变成64张“特征图”，每一张都从不同角度描述原图的信息。

（4）层层递进：从边缘到物体

单独一层卷积能做的事情有限，它只能检测非常简单的模式，比如边缘线、色块，但CNN的魔力在于堆叠多层卷积。让我们来追踪一张猫的图片在CNN中的历程：

• 第一层卷积：检测边缘。

原始图像进入第一层卷积层。这一层的卷积核学会了检测各种方向的边缘。输出是一组边缘图，显示了图像中边缘的位置和方向。也就是说，此时的CNN看到的是：“这里有一条向右上方倾斜的边缘，那里有一个模糊的色块边界……”

• 第二层卷积：检测简单的形状。

第二层的输入是第一层的输出（边缘图）。第二层的卷积核学会了把边缘组合起来，检测简单的形状，比如角、曲线、小圆形等。此时的CNN看到的是：“这里有一个尖角，那里有一条弧线，这边有一个圆形……”

• 第三层卷积：检测局部的结构。

第三层卷积把低层特征进一步组合，开始识别一些有意义的局部结构。

这一层的CNN看到的是：“这里有一个三角形的东西，可能是耳朵。那里有一个像眼睛一样的圆形结构……”

• 更深层卷积：检测更复杂的特征。

随着层数的逐渐加深，CNN就能够识别越来越复杂的模式。例如，现在它或许可以辨识出："这里是猫的眼睛，那里是猫的耳朵，这里是猫的胡须等。"

• 最后几层：整合全局信息。

最后，CNN可以把所有的局部信息整合起来，做出最终判断："有尖耳朵、竖瞳、胡须和毛茸茸的脸……这是一只猫！"过程的可视化示意图如2.6-13所示。

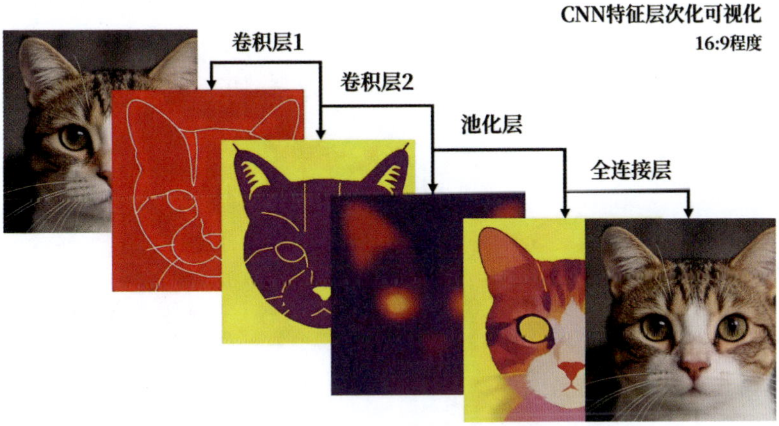

图 2.6-13　CNN 特征层次化示意图

CNN的精妙之处在于，它不需要人类告诉它应该怎么做，应该寻找什么样的信息。它能够通过观看成千上万张标注好的猫和狗的照片，来自己学习：第一层应该检测哪些边缘，第二层应该检测哪些形状，第三层应该检测哪些结构。这些都是自动学习而来的，而非人工设计的，这正是深度学习的强大力量所在。

（5）池化层：保留精华，减少信息

在每两个卷积层之间，通常会插入一个池化层（Pooling Layer）。池化层的作用是降低分辨率，同时保留最重要的信息。最常见的是最大池化（Max Pooling）：在每个小区域（比如2×2）里，只保留最大的那个数值（见图2.6-14）。

池化前（4×4）：

1	3	2	1
2	4	6	2
8	2	1	5
3	1	2	3

→

池化后（2×2）：

4	6
8	5

← 取每个 2×2 区域的最大值

图 2.6-14　池化层数据对比

池化层就好像是“总结归纳”。读完一本书以后，我们或许不会记住每一个字，但能够记住每章的核心要点。池化层的作用也是如此，丢弃烦琐的细节信息，保留最关键、最显著的特征。

（6）全连接层：做出最终决定

经过多层卷积和池化，图像被压缩成一组抽象的特征向量。最后，我们需要把这些特征向量转化为最终的分类结果。

这就是全连接层（Fully Connected Layer）的工作。它能够把所有的特征综合起来，给出最终的判断，但它并不是直接输出一个最终结果，而是输出一个包含所有可能结果的概率分布：“这是一只猫的概率是95%，是狗的概率是4%，是其他动物的概率是1%。”如图2.6-15所示，为完整的CNN结构示意。

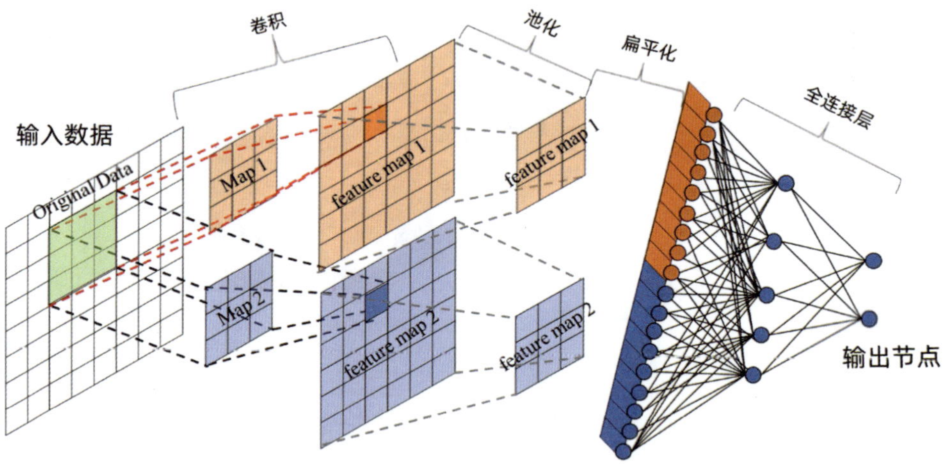

图 2.6-15　CNN 结构示意图

CNN是如何学会识别的？

到目前为止，我们介绍了CNN的结构。但一个关键问题还没有回答：CNN是怎么学会识别猫和狗的？那些卷积核里的数字是怎么来的？其实CNN是通过海量的训练数据和反向传播算法做到的。

（1）训练数据：带标签的图片

要训练一个猫狗分类器，我们首先需要准备训练数据，即大量的已标注好的图片。这是一个猫和狗的二分类任务，所以我们可以准备10000张猫的图片和10000张狗的图片。这些标签告诉了CNN：“这张图片的正确答案是什么？”

（2）随机开始：一开始什么都不会

在训练开始之前，CNN中的所有参数（包括卷积核里的数字、全连接层的权重等）都是随机初始化的。

（3）计算错误：错得有多离谱？

我们用一个数学公式来衡量CNN的错误程度，这个公式叫作损失函数（Loss Function）。

我们可以将损失函数理解为正确答案和CNN的预测之间的差距。如果CNN预测“这是一只猫的概率是95%”，而实际上这确实是一只猫，那么损失很小，CNN表现很好，但是如果实际上是一只猫，而CNN预测是猫的概率只有5%，那么损失就会很大，CNN表现非常差。

（4）反向传播：从错误中学习

计算出损失以后，我们需要告诉CNN：“这次我们错了，需要更新一下参数了。”这就是反向传播（Back Propagation）算法的原理。它像一个严厉而公正的老师，会分析错误的来源，并且告诉每个卷积核和全连接层的权重：“我们应该再大一点”或者“我们应该再小一点”，以减少下次犯同样错误的可能。这样经过多次的参数调整之后，参数就会逐渐接近最优，同时分类判断的准确率也会逐步上升，如图2.6-16所示。

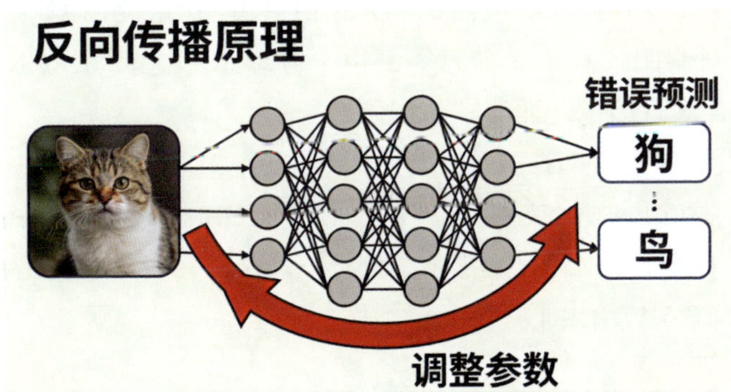

图 2.6-16　反向传播算法示意图

反向传播就像学习骑自行车。第一次骑车时，我们可能会摔倒。摔倒的那一刻，我们的身体会本能地分析：“刚才我是往左偏了，所以下次要稍微往右调整重心。”这个从“结果”（摔倒）反推“原因”（重心偏了）的过程，就是反向传播的原理。

（5）迭代训练：熟能生巧

一次反向传播只能带来微小的改进，要让CNN真正学会识别猫和狗，需要重复这个过程成千上万次，大致的步骤如下。

训练循环：
1. 取一批训练图片
2. CNN做出预测
3. 计算损失（错了多少）
4. 反向传播，计算每个参数应该如何调整
5. 更新参数
6. 回到第1步，继续训练

随着训练的进行，CNN的预测越来越准确，损失越来越小。

眼见为实：CNN真的在“看”什么？

CNN学到的这些特征，真的会像上文中所讲的那样有意义吗？还是只是一堆数字？科学家们开发了一些可视化技术，让我们能够“窥视”CNN的内心世界。

（1）可视化卷积核：CNN眼中的世界

如果我们把训练好的CNN的第一层卷积核可视化出来，会看到什么？令人惊喜的是，这些卷积核自动学会了各种边缘检测器和颜色检测器，与人类神经科学家发现的视觉皮层神经元响应模式惊人相似，更深层的卷积核则学会了更复杂的模式，甚至对眼睛、耳朵、嘴巴等部位十分敏感。这表明，CNN确实在以一种有意义的方式理解图像，而非“死记硬背”。

（2）类激活图：CNN在关注哪里？

另一种有趣的可视化技术叫作类激活图（Class Activation Map，简称CAM）。它可以显示出当CNN判断“这是一只猫”时，它主要是在关注图片的哪个区域。如图2.6-17给出了一幅类激活图。

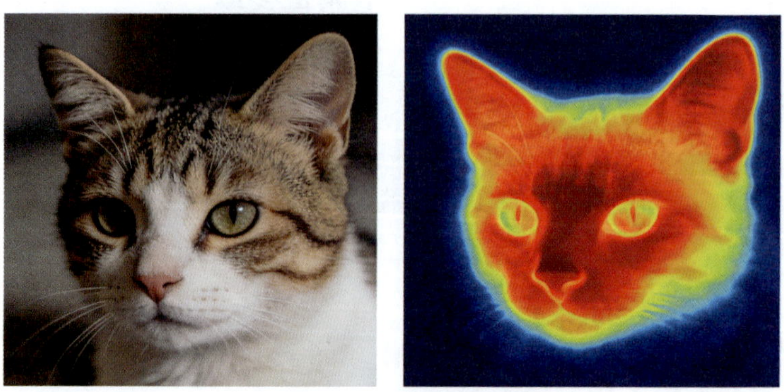

图 2.6-17　猫照片及其 CNN 类激活图

当识别猫时，CNN关注的是猫的脸、耳朵、眼睛；当识别狗时，CNN关注的是狗的鼻子、嘴巴、耳朵的形状。这种合理的可解释性给了我们信心，CNN并不是在耍小聪明，而是真正学会了关注动物本身的特征。

图像识别的更多应用

区分猫和狗对于当下的图像识别技术而言简直是牛刀小试，这项技术已经渗透到了我们生活的方方面面。

在医疗影像诊断中，AI能够辅助医生分析X光片、CT扫描和MRI图像，精准标注出肿瘤、骨折或可疑病变区域，其诊断准确率在特定任务上已媲美甚至超越资深医生。在自动驾驶领域，车辆通过摄像头实时捕捉道路信息，依赖图像识别技术来识别车道线、交通标志、行人、车辆和障碍物，从而做出安全决策。日常生活中，人脸识别技术从手机解锁到机场安检，已成为最普遍的身份验证方式之一。在公共安全方面，安防监控系统利用智能摄像头自动识别翻越围墙、斗殴等异常行为，及时发出警报，极大提升了安防效率。而在个人层面，当我们使用手机相册搜索“海滩”或看到“这张照片里有妈妈、爸爸、小狗”的自动标签时，背后同样是图片搜索与自动标签技术在工作，它让海量照片的管理和回忆变得轻松而智能。

【动手试一试】

如果我们对编程有一定基础，可以尝试以下实践。

（1）Teachable Machine：访问 Google 的 Teachable Machine 网站，不用写代码，只需上传图片，就能训练一个简单的图像分类器。试着训练一个能区分左手和右手的模型。

（2）探索预训练模型：使用 Python、PyTorch 和 TensorFlow，加载一个预训练的 ResNet 或 VGG 模型，让它识别我们身边的物品。看看它能认对多少，又会犯哪些有趣的错误。

2.7　自然语言处理：AI 为什么能听懂我们说话？

语言这件小事

语言对人类来说太自然了，自然到我们几乎意识不到它有多复杂。我们对朋友说“帮我带杯咖啡”，他就知道我们想喝咖啡，需要他顺路买，回来带给我们。短短六个字，包含了请求、对象、动作、时间和地点等信息，我们之间在长期的相处中已经形成了某种默契，因此我们之间不会有任何误解。

但是对于计算机而言，这六个字就是六个符号的排列。它也不知道“咖啡”是什么东西，不知道“带”是什么动作，更不知道我们为什么要对它提出这个要求。让计算机理解人类的语言，这就是自然语言处理（Natural Language Processing，简称NLP）要解决的问题。

这个问题已经困扰了计算机科学家几十年，直到最近几年，借助深度学习的突破，AI才真正开始“听懂”我们的对话。

第一步：把文字变成数字

计算机底层只能处理数字，所以处理语言的第一步就是把文字转换成数字形式。

最简单的方法叫作独热编码（One-Hot Encoding），即给每一个词分配一个编号，然后用一长串只有一个1，其余都是0的向量来表示它。比如词典里有10000个词，“苹果”这个词排在第520位，那么它的向量就是第520位是一个1，其余9999位都是0。

假设我们有一本只有5个词的迷你词典，顺序和编号如下。

```
词典：[苹果，橘子，香蕉，汽车，飞机]
编号：   1     2     3   4     5
```

那么使用独热编码将这五个词转换为向量，编码如下。

```
苹果 = [1, 0, 0, 0, 0]
橘子 = [0, 1, 0, 0, 0]
香蕉 = [0, 0, 1, 0, 0]
汽车 = [0, 0, 0, 1, 0]
飞机 = [0, 0, 0, 0, 1]
```

这种方法虽然能用，但是问题很大，它认为所有词之间的关系都是一样的。如果我们使用余弦相似度来计算“苹果”向量与“橘子”向量之间的距离，会发现其与“苹果”向量、“汽车”向量的距离完全相同。但是我们都知道苹果和橘子明明更相似，即它们都是水果。

所以又有研究者发明了一种更聪明的方法，即词向量（Word Embedding）。它的核心思想是用一组数字来捕捉一个词的“含义”，而且让含义相近的词在数字空间里靠得更近。具体应该怎么做呢？有一个著名的方法叫作Word2Vec，它的原理出奇地简单，经常一起出现的词，含义应该相关。例如“苹果”经常和“水果”“红色”“甜”一起出现，所以它们的向量就会比较接近。而“汽车”经常和“发动机”“公路”“驾驶”等一起出现，它的向量就会离水果们远远的。

这种方法不再使用那种特别长的0-1向量来表示一个词，而是使用一个短的向量，每一个维度代表某种隐藏的属性。假设我们使用3个维度。

- 第1维：是不是食物（越高越像食物）；
- 第2维：是不是交通工具（越高越像交通工具）；
- 第3维：是不是甜的（越高越甜）。

那么原来的五个词就可以重新如下表示。

```
苹果 = [0.9, 0.1, 0.8]    # 很像食物，不是交通工具，很甜
橘子 = [0.9, 0.1, 0.7]    # 很像食物，不是交通工具，比较甜
香蕉 = [0.9, 0.1, 0.6]    # 很像食物，不是交通工具，有点甜
汽车 = [0.1, 0.9, 0.0]    # 不是食物，很像交通工具，不甜
飞机 = [0.1, 0.9, 0.0]    # 不是食物，很像交通工具，不甜
```

这时我们就会发现彼此含义相近的词语之间的向量距离也相近。

那么Word2Vec到底是如何学习到这种向量表示的呢？其实Word2Vec有两种训练方式，这里我用更直观的CBOW（连续词袋）来解释，我们从句子中创建了训练样本：输入是[我，吃，了，一个]+[很，甜]，让模型来猜中间的词语，正确的输出是“苹果”。刚开始要随机初始化这个句子中的每一个词的词向量（我 = [0.12, -0.45, 0.78,……]，吃 = [0.67, 0.23, -0.89,……]），第一次预测的时候计算出所猜测词语前后这六个词的平均向量，并计算平均向量和所有词向量的相似度。如果发现平均向量和“苹果”的余弦相似度很低，但却和“汽车”的余弦相似度很高，那么就表明模型猜错了。这时候就需要通过反向传播来提升“苹果”的向量，使其更接近输入向量的平均值，并且降低“汽车”的向量让它远离这个上下文。在数学上，更新向量的方式就是计算梯度。

```
苹果_new = 苹果_old + 学习率 ×（目标–预测）
汽车_new = 汽车_old–学习率 ×（目标–预测）
```

如此不断迭代，就可以建立起词语之间的语义联系。这种表示方法带来了一些神奇的效果，比如“国王–男人+女人≈女王”。把“国王”的向量减去“男人”的向量，再加上“女人”的向量，得到的结果最接近的词是“女王”，这说明词向量确实捕捉到了词语之间的语义关系，如图2.7-1所示。

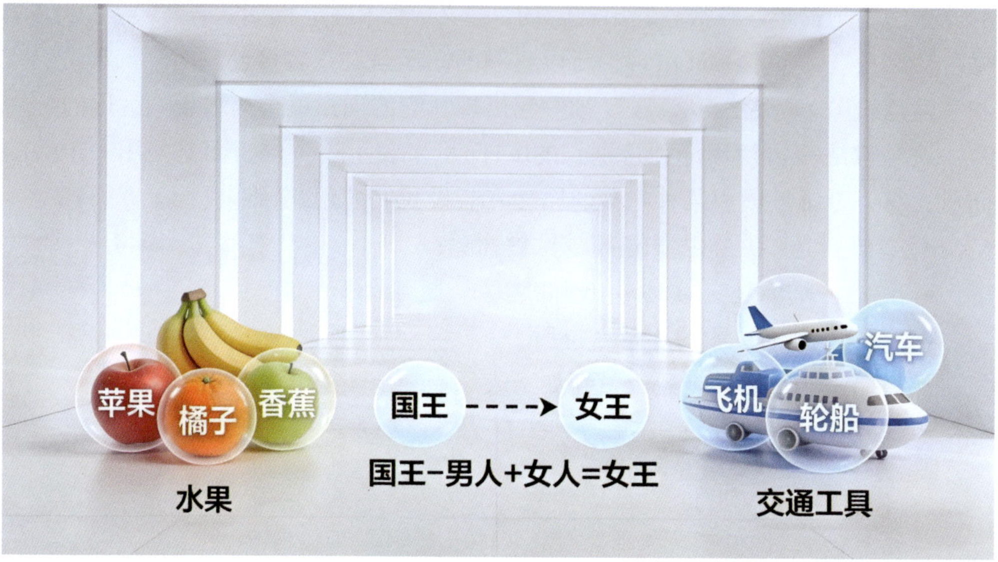

图 2.7-1　词语的聚类关系

第二步：理解词语之间的关系

把词变成向量只是第一步，接下来的挑战在于我们刚才的方法只是找出了词语之间的语义相关性，但是当词语组成一个句子的时候怎么能够理解这个完整句子的意义呢？

早期的处理方式是按顺序处理，也就是从左到右，一个词一个词地读，像流水线一样，这种方式叫作循环神经网络（Recurrent Neural Network，简称RNN）。RNN虽然有记忆功能，但是RNN有一个缺点就是：记性不太好，读到后面的词时，就会忘记前面的内容。句子一长，前面的内容就开始模糊了。我们让它处理一篇长文章，它可能读到最后就忘了开头说了什么。

后来有了改进版的LSTM（长短期记忆网络），记忆能力变好了一些。但是还有一些局限，即它必须按顺序来处理，不能并行处理，处理长文本的时候效率很低。

真正的革命发生在2017年，Google的研究者发表了一篇论文，标题为*Attention Is All You Need*。这篇论文提出了Transformer架构，彻底改变了NLP的游戏规则。

注意力机制

Transformer的核心是注意力机制（Attention Mechanism）。这个名字很形象，就像人类阅读时会把注意力集中在重要的词上，AI也学会了这一招。

我们来看这句话："小明把那本他上周从图书馆借的书还了。"当AI需要理解"还了"这个动作时，它不需要平均地关注每一个词。它应该特别注意"小明"（谁还的）、"书"（还的是什么）、"图书馆"（跟还书这个动作有关）。至于"那本""他"，相对来说没有那么关键（见图2.7-2）。

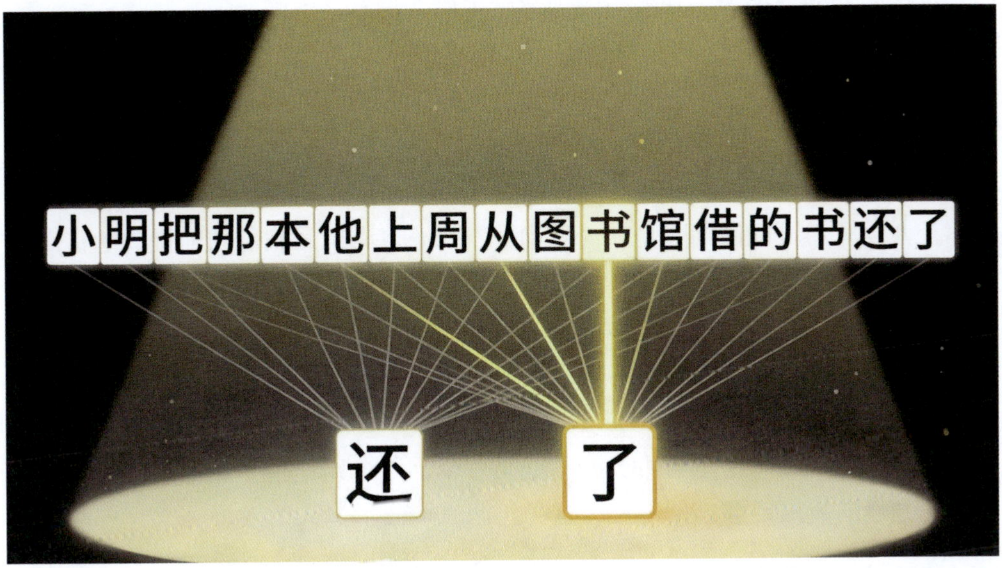

图 2.7-2　注意力机制图解

注意力机制让AI学会了这种"选择性关注"的能力，在处理每一个词的时候，它都会计算：我应该从其他哪些词那里获取关于这个词的上下文信息？每个词的重要程度是怎样的？更厉害的是，Transformer可以同时处理句子中的所有词，不用排队等着。这让处理速度提高了很多倍，也让训练大规模的模型成为可能。

今天我们所用的ChatGPT、Claude、文心一言，底层都是基于Transformer架构。可以说，如果没有Transformer，就没有今天的AI语言革命。

语言的歧义

让AI理解语言的最大困难之一就是歧义。同样的句子，可能有完全不同的意思。

- "我看见她笑了"：是我看见她在笑，还是我看见她之后我笑了？
- "咬死了猎人的狗"：是狗咬死了猎人，还是咬死猎人的那只狗？
- "苹果很贵"：是水果苹果很贵，还是苹果公司的产品很贵？

人类靠上下文、常识和语境来消除歧义，几乎不需要思考就能理解正确的意思。但是AI没有我们的生活经验，它需要通过大量的数据学习在什么情况下哪种理解更合理。现代的大语言模型在处理歧义上已经做得相当不错了，它们已经见过太多的语言使用场景，从海量的上下文中学会了人类消除歧义的模式。

但是它们仍然会出错，尤其是在需要常识推理或者依赖特定文化背景的时候，这表明AI的“理解”和人类的理解，本质上仍然是不同的。

从理解到生成

NLP不只是让AI理解语言，还要让AI能够生成语言。早期的语言生成很笨拙，像是在拼凑短语，但是现在的大语言模型，生成的文字已经流畅到难以分辨是不是人类写的。它们到底是如何做到的？核心方法就是我们之前提到的：预测下一个词。模型读到“今天天气”时，它就会预测下一个最可能的词是什么。根据它学到的知识，可能是很好（30%可能性）、不错（20%可能性）、晴朗（15%可能性）等。它会从这些可能性中选择一个，然后继续预测下一个词，周而复始，直到生成一整段话。

这个过程看起来简单得可笑，不就是一个词一个词地猜嘛。但是当模型足够庞大，见过的数据足够多的时候，这种机制就能产生惊人的效果。

语言理解还是语言模仿？

AI真的可以理解语言吗？还是它只是在模拟理解的样子？有一个著名的思想实验叫作“中文房间”，假如把一个不懂中文的人被关在房间里，他有一本规则手册，告诉他收到某些中文符号的时候应该回复什么。从外面看，这个房间能够正常用中文对话，但实际上房间里的人却完全不懂中文。

AI是不是就像这类房间一样？它处理语言的方式其实可能只是复杂的模式匹配，而不是真正地理解。这个问题至今没有定论，但是从实用的角度来看，也许我们不需要AI真正理解，只要它能够持续稳定地提供有用的语言服务，对大多数应用场景来说就足够了。

从听懂到对话

让AI能听懂我们在说什么是对话的第一步。对话需要的能力远比单纯的语言理解更复杂，要记住之前说过什么，要理解对方的意图，要知道什么时候应该问、什么时候应该答，要控制话题的走向，还要保持一致的人设。

这也是ChatGPT轰动一时的原因，它不只是一个语言理解工具，而且是第一个能够真正让人感觉“能聊”的AI。我们可以和它争论问题、争论观点、请求帮助，整个过程自然流畅，就像和一个朋友聊天一样。

当然，如果我们足够仔细，还是会发现它跟人类对话颇有一些不同之处，偶尔会前后矛盾，有时候会一本正经、十分自信地胡说八道，对数据库未更新的内容一无所知。这些都是当前技术的局限性。

但无论如何，从几十年前的“完全不懂”到今天的“基本能聊”，NLP技术已经走过了一段漫长而精彩的旅程，而这段旅程，必然还将继续走下去。

2.8　大模型是怎么训练出来的？

解释一个天真的想法

假设我们想创造一个像ChatGPT这样的AI，我们需要做什么？最天真的想法是把人类所有的知识都以文本的形式输入进去，然后它就什么都会了。如果真有这么简单就好了，实际上训练一个大模型的过程，比“灌输知识”要复杂多了，也有趣多了。它更像是培养一个孩子，我们不能直接把知识塞进他脑子里，我们只能给他提供环境和材料，让他自己学会。接下来，将给大家展示训练一个大模型的过程到底有多么复杂。

第一阶段：海量阅读（预训练）

大模型训练的第一步叫预训练（Pre-training），本质上就是让AI疯狂阅读。读什么呢？几乎是整个互联网上所能找到的一切文本，包括网页、书籍、论文、新闻、论坛帖子、代码仓库、维基百科等，规模大到什么程度？目前顶尖的一些大模型，训练数据量都是以万亿词计算的。如果让一个人不吃不睡不停地读，可能要读几万年。

但是光读还是不够的，关键是要看怎么读。AI的阅读方式是这样的：给它看一段文字，盖住最后几个词，让它猜后面是什么。猜对了，说明它理解了前文的规律；猜错了，就调整一下参数，下次争取猜得更准。这个过程反复进行了几十亿次到几百亿次。慢慢地，AI就从这种“猜词游戏”中学会了语言的规律，即语法怎么应用、句子怎么组织、知识之间有什么联系。

有人可能觉得：就这？猜下一个词也能学会写诗、学会编程、学会回答问题？是的，就这。这是一个听起来简单但做起来惊人的方法。

我们可以这样理解，如果一个人真的把人类写过的几乎所有文字都读了，而且对每一句话都思考过“接下来可能要说什么”，那么他对语言的理解和知识的理解一定是深入骨髓、无人能敌的，而AI做的就是这件事。

第二阶段：学做好学生（监督微调）

预训练之后，AI已经拥有了强大的语言能力和海量的知识储备，但这时候的它，就像一个博学多才但是缺乏素质和教养的人，它可能会给我们续写一段网络暴力的帖子，因为它见过很多这样的内容。

所以第二步就至关重要，即监督微调（Supervised Fine-Tuning，简称SFT）。这一步的目标就是教AI"什么是一个符合正向价值观的、好的回答"，做法就是由人类准备大量的示范对话，例如。

> 用户问："用Python怎么写一个循环？"
> 好的回答是这样的：（附上一个清晰、准确且有示例的回答）

然后让AI学习这些范式。它会慢慢明白，原来遇到编程问题应该给出代码的示例，遇到敏感的问题应该谨慎回答，回答时应该有条理、有礼貌。这个阶段的数据量比预训练小得多，可能只有几万到几十万段对话，但是对质量要求极高，每一条都是人类精心编写的示范。如果说预训练是让AI阅尽天下书籍，那么监督微调就是教它如何把知识用得最恰当、最合理。

第三阶段：学会察言观色（人类反馈式强化学习）

经过前两步的训练，AI已经很不错了。但还存在一个问题，AI给出的回复什么才算是"好"，有时候连人类自己都说不清楚。回答一个问题，有很多种不同的方式，那么到底哪一种更好？我们很难写出一个明确的规则来判断，但只要让我们看一眼，我们就知道哪个回答读起来更舒服，更有帮助。

于是就有了第三步：人类反馈强化学习（Reinforcement Learning from Human Feedback，简称RLHF），该操作步骤如下。

- 让AI对同一个问题给出多个不同的回答。
- 人类标注员根据好坏给这些回答排名，"A回答最好，B回答其次，C回答最差"。
- 用这些排名数据训练一个"裁判模型"，让它学会预测人类会更喜欢什么样的回答。
- 然后让AI在这个裁判模型的指导下继续优化参数，尽可能生成裁判会打高分的回答。

这就像是给AI请了一个时刻在给它的回答打分的评委，AI每次回答的时候都会想：这个回答评委会喜欢吗？怎么说才能得分更高？通过这个过程，AI就学会了很多微妙的东西，如怎么让回答更易读、更有用、更符合人类的期待。这些东西很难用规则写死，但可以通过大量的人类反馈传递给它。

这个过程有多费钱？

训练一个大模型到底要花多少钱？不幸的是，花费非常高。以GPT-4级别的模型为例，光是预训练阶段，可能就需要数万块顶级GPU运行好几个月，电费、设备折旧、人员成本加起来，业内估计在几千万美元到上亿美元之间。

而且这还不算是数据收集和清洗的成本，互联网上的数据杂乱无章，需要大量的工程工作来筛选、去重、过滤掉低质量或是有害的内容。

在“监督微调”阶段，需要优秀的标注员编写上万条示例回答，而到了“人类反馈强化学习”阶段，则同样需要很多人类标注员来评价AI回复的质量等级，这些标注员需要经过培训，工作量也不小。所以能够从头训练大模型的公司，全世界也就那么几家。这是一个资本密集、人才密集、数据密集的游戏。

不过好消息是，一旦模型训练好了，使用它的成本就低多了。我们用ChatGPT聊天，每一次对话的算力成本可能只有几美分，训练是一次性的巨额投入，使用是边际成本很低的长期收益。

为什么要有预训练？

大模型训练的第一步“预训练”中的“预”是“预先做的基础训练”的意思，后面还有针对具体任务的调整。

预训练的过程是产出一个“通用基座模型”，它什么都会一点，但是可能不够专业，如果我们想让它在医疗领域表现得更好，可以用医疗数据做进一步的微调，如果我们想让它更擅长写代码，可以用代码数据做专门的训练。

这种“先通用、再专精”的策略会非常高效，因为基座模型可以在很多垂类任务中被复用，不同行业领域的团队可以在上面发展出不同的专业版本，而不需要从零开始。

这就像现代人的教育模式一样，先接受完整的基础教育，再读专业的研究生。医生和律师虽然专业各不相同，但是他们都经历了相似的中小学教育，大模型的训练也是同样的道理。

一个意外地发现

在大模型的训练过程中，研究者们发现了一个有趣的现象，当模型的规模足够大，训练数据足够多的时候，一些能力会“突然涌现”。比如说，一些规模小的模型可能完全没有数学推理的能力，我们让它做稍微复杂一点的计算，它就开始胡说八道。但是当模型的参数量增加到某个临界点之后，它突然就能做一些基础的数学推理了，这种能力不是专门用数学逻辑来训练的，而是“自己长出来的”。

类似的能力涌现还包括理解双关语的幽默、进行多步骤的逻辑推理、根据少量示例学会新任务等，这些能力都是在大模型规模变大以后突然出现的，没有人专门教过它。

这个现象让研究者们既兴奋又困惑。兴奋的是也许只要继续把模型的规模做大，就会涌现出更多意想不到的能力。困惑的是我们并不完全理解这些能力是怎么来的，因此对于下一个涌现能力的预测是不可控的。

AI大模型的能力边界，到目前为止连创造它的人也没有完全搞清楚。

2.9 AI是怎么“记住”和“遗忘”的？

一个看似奇怪的现象

我们有没有发现一件奇怪的事情，我们跟ChatGPT聊了一个下午，它对我们的喜好、我们的问题、我们所讨论过的所有细节都记得清清楚楚。但是第二天我们再打开它，它却又变成了一张白纸，仿佛我们从未相识。

“你好，有什么可以帮助你？”哎，不对，昨天我们不是聊得挺开心的吗？现在怎么翻脸不认人了？但又一想，我们从来没有告诉过它唐诗应该怎么写，它却能出口成章；我们从来没有教过它编程，但是它却能写出漂亮的代码。这些知识它是如何记住的呢？

这就引出了一个有趣的问题：AI的“记忆”到底是怎么回事？它记住了什么，又忘记了什么？这跟人类的记忆有什么不同？

两种记忆模式：参数记忆与上下文记忆

要理解AI的记忆，首先要知道它有两种完全不同的“记忆”方式。

（1）参数记忆

这是AI在训练时学到的东西。当AI经过海量数据的训练，它学到的知识和模式都被“压缩”进了模型的参数里，也就是那几十亿甚至数千亿个数字。唐诗怎么押韵、Python如何写循环程序、地球绕太阳公转的时间等，这些信息都藏在了参数里，成为AI的“长期记忆”。

这种记忆有几个特点，即容量巨大，相当稳定，但难以修改。一旦训练完成，这些记忆就固化了。我们没法跟 AI 说“把我们脑子里关于编程的知识更新一下”，目前它是做不到的。要改变参数记忆，就只能重新训练，这是一个耗时耗钱的大工程。

（2）上下文记忆

这是对话过程中临时记住的东西。当我们和ChatGPT聊天的时候，它会把我们的对话历史放在“上下文窗口”里，每次回复的时候都能看到之前说过什么。所以在一次对话中，它知道我们叫什么名字、我们在讨论什么话题、我们之前问过什么问题。

但这种记忆有一个致命的限制，它有容量上限，对话多到一定程度就无法再记忆更多的内容了，而且对话一旦结束就会清空，不同的对话记录之间不能共享信息。

上下文窗口：AI的“工作台”

用一个比喻来解释上下文记忆，想象AI有一张工作台，桌面大小有限。每次我们说一句话，它就往桌上放一张纸条。AI回复的时候，也往桌上放一张纸条，来来回回，纸条越堆越多。

问题是，桌子就这么大。当纸条多到放不下的时候怎么办呢？只能把最早的纸条扔出去，腾出位置给新的。这个桌面，就叫做“上下文窗口”（Context Window）。早期的模型可能只有几千个词的窗口，现在一些先进的模型已经能支持几十万甚至上百万词的窗口了。但无论窗口多大，其容量总是有限的。

这就解释了为什么当长对话进行到后面，AI有时候会忘记我们开头说过的话，因为那些内容已经被挤出工作台了。而当我们关闭对话，开始新的对话时，这张工作台就会被彻底清空，换上一张干干净净的“新桌子”，所以再次聊天时，它就真的不记得我们之前的聊天内容了。

为什么不能一直记住？

为什么不让AI永远记住所有的对话呢？技术上办不到吗？技术上当然是可以做到的，但是代价太大了。

首先得考虑计算成本。AI每次回复的时候，都需要处理整个上下文窗口里的内容。窗口越大，计算量越大，响应速度越慢。如果我们把过去一年的所有对话都塞进去，那么AI可能要想半天才能回复我们一句话，而且服务器的电费账单也会让运营商哭出来。

其次就是隐私问题了。如果AI真的永久性地记住我们说过的所有话，那么这些信息应该存放在哪里？谁可以看到？会不会存在信息泄露的风险？这些问题还没有妥善的答案。

不过，随着技术的进步。现在很多AI产品已经提供了“记忆”功能，我们可以主动告诉它一些关于我们的信息，它会专门存储起来形成一个知识库，在以后的对话中都可以调用。

（1）遗忘是Bug还是Feature？

有趣的是，AI的“遗忘”并非一件坏事。人类的遗忘能力对于人的发展而言同样至关重要，如果我们永远记得每一个细节、每一次失败、每一句刺耳的话、每一个尴尬的瞬间，那么我们可能会被过去压垮。遗忘是大脑的保护机制，帮助我们轻装远行。

AI的遗忘也有类似的作用。比如在训练过程中，模型需要忘记一些特别细致入微的知识才能得到更好的泛化能力，如果它把训练数据里的每一个细节都死记硬背下来的话（也就是“过拟合”），那么模型可能只会在训练数据集上取得比较好的测试效果，但是泛化能力很弱，也就是在其他未训练的数据集上测试的效果会很差。学会忽略不重要的细节，只记住核心的规律，对AI来说也是一种权衡后的结果，使其遇到新情况不至于无法应对。

再比如，上下文窗口的限制迫使AI只能专注于当前最相关的信息，而不是被无穷无尽的历史记录所干扰。这在某种程度上可以让它保持“头脑清醒”。

所以，对于AI而言，什么应该记住，什么应该忘记，取决于其适配的应用场景。如果我们要设计一个针对个体的智能助理，那么AI就需要记住关于用户的详细信息，这样才能更好地帮我们规划生活；但是对于一个专门处理疑难杂症的医疗AI而言，它只需要对症下药即可，不需要记住太多关于病人的私人信息。当然，该记住的记不住，不该忘的却忘记了，这才是最大的难点，如何让AI更智能地管理自己的记忆，什么该存进长期记忆，什么只需要临时记住，什么可以放心遗忘，这就是目前研究的热门方向。

（2）AI与人类记忆的对比

让我们来简单对比一下AI和人类的记忆特点，如表2.9-1所示。最有意思的区别是人类的记忆是“活的”，会随着时间而变化，被情绪左右，以及受到新经历的影响。我们对童年的记忆，其实已经被我们多年来的回忆过程反复修改过了。而AI的参数记忆是“死”的，训练完成的那一刻就定格了，不会自己演变。

表 2.9-1　AI 与人类的记忆特点对比

	人类	AI
长期记忆	存在大脑神经连接中，模糊但是更持久	存在于模型的参数中，精确但固化
短期记忆	工作记忆，容量约7个单位	上下文窗口，容量几千到几百万词
形成方式	睡眠时得到巩固，对情绪事件印象更深	训练时固化，大量重复才能记住
遗忘原因	时间衰减、干扰以及主动压抑	窗口限制、对话结束、未被训练
修改难度	可以通过新体验覆盖旧记忆	需要重新训练模型

这意味着AI没有真正意义上的“成长”，它可以通过新的训练变强，但那是工程师的工作，不是它自己在成长。而人类每一天的经历，都在悄悄重塑着我们记忆的内容。

一个值得思考的问题

AI的记忆机制给我们一个有趣的启发，也许“记住所有事情”并不是最好的状态。

我们常常羡慕AI的海量知识，觉得要是自己也能过目不忘就好了。但仔细想想，如果我们真的记住了读过的每一本书的每一个字，听过的每一首歌的每一个音符，经历过的每一天的每一分钟，我们还能正常思考吗？

大脑的智慧不仅在于记住，更在于筛选。记住重要的，遗忘不重要的，把有限的容量用在刀刃上。AI目前还不太擅长这种“智慧的遗忘”。它要么全记住（参数里的），要么全忘掉（对话结束后的），缺少那种人类拥有的、微妙的、选择性的记忆管理能力。

未来的AI，也许会在这方面向人类学习，不是追求记住一切，而是追求记住那些真正重要的东西。这大概就是为什么它虽然博闻强识，却还是需要我们人类来告诉它什么是真正值得记住的。

2.10　人类和 AI：谁更擅长做决定？

一场不公平的比赛

假设我们举办一场“决策比赛”，一边是人类选手，一边是 AI 选手，比赛的项目五花八门，可以包括下象棋、诊断病症、开车、写诗、谈恋爱、管理公司等。

那么最终谁会赢呢？其实结果是无论是人还是AI都不会给对方形成压倒性优

势。因为人类和AI做决定的方式有着根本不同，所擅长的事情完全不同，就好像问“鱼和鸟谁更厉害”一样。

接下来，我们就来拆解一下，人类和AI在做决定这件事上，各自有什么优势和劣势。通过以下学习，我们就可以知道什么时候应该信任AI，什么时候应该相信自己。

AI的超能力：快、准、不累、没情绪

先说说AI做决定时的优势，这些优势在某些场景下堪称碾压级别。

（1）决策速度惊人

人类做一个复杂决定需要思考几分钟甚至几天，AI可能只需要几毫秒。高频交易的AI每秒可以做出上千个决策，这个速度是人类望尘莫及的。自动驾驶汽车的AI需要在零点几秒内决定是刹车还是转向，换成人类司机，这样的速度，脚都无法踩到刹车上。

（2）记性超群

医生可以记住几百种疾病的症状，AI可以记住几百万篇医学论文。律师可以熟悉几十部法律，AI可以检索所有已知的法规和判例。当决策需要调用海量信息时，AI的优势是压倒性的。

（3）永不疲倦

人类需要休息，无法长时间连续工作。AI可以24小时不间断运行，凌晨三点做的决定和下午三点的一样稳定。工厂里的质检AI可以盯着流水线一整天，不会走神，不会犯困，不会因为想着晚饭吃什么而漏检一个产品。

（4）没有情绪干扰

这也是AI和人类差距最大的一点，人类在做决定时会受到恐惧、贪婪、愤怒以及兴奋等情绪的影响。当股市暴跌时，人类交易员可能会因为恐慌而选择抛售，AI则会冷静地按照算法去操作。被客户骂了一顿之后，人类客服可能会态度变差，而AI客服则会永远保持同样的礼貌。

这些优势意味着在规则明确、数据充足、需要高速处理的场景下，AI做决定往往比人类更好。

人类的超能力：灵活、直觉、常识、意义感

面对AI的强大攻势，人类也无须妄自菲薄，因为人类在做某些决定时也有AI望尘莫及的优势。

（1）处理模糊和例外

AI 擅长处理的是规则清晰的问题，但是现实生活中的很多问题却是模糊的。比如，“这个人说话的语气是不是有点儿怪？”“这个人值得我们信任吗？”“做这件事虽然符合规定，但是情理上好像不太对？”这种充满模棱两可意味的判断，人类往往能凭经验、伦理、直觉做出合理的决定，而 AI 会控制在规则的边界，这是因为人类在长期的人际交往和社会活动中积累了相当丰富的社交经验，因此在识人、判断话语的弦外之音以及分析一些社交规则上往往更加成熟。

（2）用极少的信息做决定

AI需要大量数据才能做出靠谱的决定，但是人类可以在信息极度匮乏的情况下采取更靠谱的行动。人类做决定不是基于数据分析，而是基于多年积累的隐性经验。AI很难学会这种“小样本决策”的能力。

（3）理解背景和意图

同样的一句话，在不同背景下的意思完全不同。“你真行啊”可能是夸奖也可能是讽刺，通过语气和环境，人类能够瞬间分辨出来语义，但是AI却经常搞混。更复杂的是，人类能够理解行为背后的意图和动机，能推测出“这个人为什么要这么说”，但对于AI来说，这种心理推理的能力还是弱项。

（4）追问意义

AI会告诉我们“怎么做效率最高”，但它不能告诉我们“为什么要做这件事”。人类会追问意义，人类也更在乎意义。这个决定符合我们的价值观吗？这件事对社会有什么影响？我会不会后悔？这种关于意义和价值的思考，是人类决策中特有的部分。

一个相当关键的区别：规则内还是规则外

如果要用一句话来总结人类和AI在做决策上的最大区别，那就是AI擅长在规则之内做出最优的决定，而人类则擅长在规则之外创造新的可能。

以下棋为例，下棋的规则是固定的。棋盘有多大，棋子怎么走，怎样才算赢。在这套规则内，AI可以计算出最佳的每一步，人类根本比不过。这就是为什么AlphaGo能击败世界冠军的原因。但如果问题变成了“我们应该发明一种什么样的新棋类游戏”，那AI就傻眼了。它不知道什么样的规则会让游戏更好玩，也不懂人类为什么喜欢下棋，不知道如何在娱乐和挑战之间取得平衡。这时候就需要人类的创造力介入。

医学诊断也是类似的情况。如果病人的症状完全符合教科书上的某种疾病描述，那么AI会比人类医生诊断得更快、更准。但是，如果病人的情况是“从未见过的症状”，或者涉及复杂的心理和社会因素，那么经验丰富的人类医生的判断就更加可靠了。

这一区别告诉我们什么时候应该信任AI：当问题有明确的规则、有充足的数据、有可量化的标准时，就让AI来完成；当问题是开放性的、史无前例的以及需要价值判断的，就需要人来把关。

我们比我们以为的更有价值

在这个AI越来越强大的时代，很多人担心自己也会被AI取代，觉得自己做的事情AI迟早都可以做。但看过以上内容后，你会发现有很多事情，是唯独我们能做而AI做不了的。

AI不能真正理解我们的处境，不能感受我们的情绪，不能知道什么对我们真正重要。它可以给我们建议，却不能替我们决定我们想成为什么样的人。

AI也不能创造真正的新东西，它只能重新组合它见过的旧东西。但是那些改变世界的想法，那些从来没有人想过的问题，那些从来没有人走过的路，仍然需要人类的灵光一闪，人类的何去何从，依然需要且必然会掌握在人类的手中。

AI不能承担责任。当一个决定需要有人负责、需要有人承担后果的时候，那么只能是人来承担。这不是技术问题，而是社会和伦理问题。

所以，与其担心被AI取代，不如思考怎么和AI协作。把那些AI擅长的事情交给AI，我们去做那些只有人类才能做的事情，这种分工将是未来的生产模式。

第3章

AI无处不在：改变世界的那些『智能帮手』

3.1 AI 写稿机器人：新闻也能自动写

使用AI进行文字创作具有较早的历史。最早的自动写稿实践出现在2010年前后，基于规则与模板的系统在财务报道、体育赛事等结构化稿件场景率先落地；2014年，美联社用自动化流水线批量生成上市公司季报短讯；2016年，《华盛顿邮报》的赫利奥格拉夫（Heliograf）在美国大选期间自动生成了数千条选举快讯。进入大语言模型时代，自动写稿从“模板+填空”跃升为“生成式”写作，财经、体育、科技等多个垂类都在尝试把采集、摘要、生成与分发连接成一条流水线（见图3.1-1）。

图 3.1-1　AI 写稿的演进：规则模板 → 统计学习 → 生成式大模型

为什么AI能在新闻领域发挥作用？其一，新闻中的大量快讯类型数据结构化程度高（财报、行情、比分、天气），便于机器直接读取并转化为文本；其二，快讯强调时效与格式的一致性，自动化可以显著缩短“采→写→发”周期；其三，生成式模型在摘要、改写和风格迁移方面的能力，能够替记者完成重复性高、创意要求低的部分。

AI新闻写稿的核心原理可以概括为“数据驱动+模式学习+文本生成”。首先，系统从结构化数据源（如财报API、赛事数据库）或非结构化文本（如官方公告、社交媒体）中提取关键信息。这些信息经过命名实体识别（NER）和关系抽取，被转化为结构化的知识表示。随后，生成模型基于训练时学到的新闻写作模式，包括倒金字塔结构、5W1H要素、客观表述风格等，将这些结构化信息转化为符合新闻规范的文本。在生成过程中，模型会参考大量历史新闻样本，学习如何组织句子、选择词汇、控制语气，从而生成既准确又符合新闻风格的稿件（见图3.1-2）。

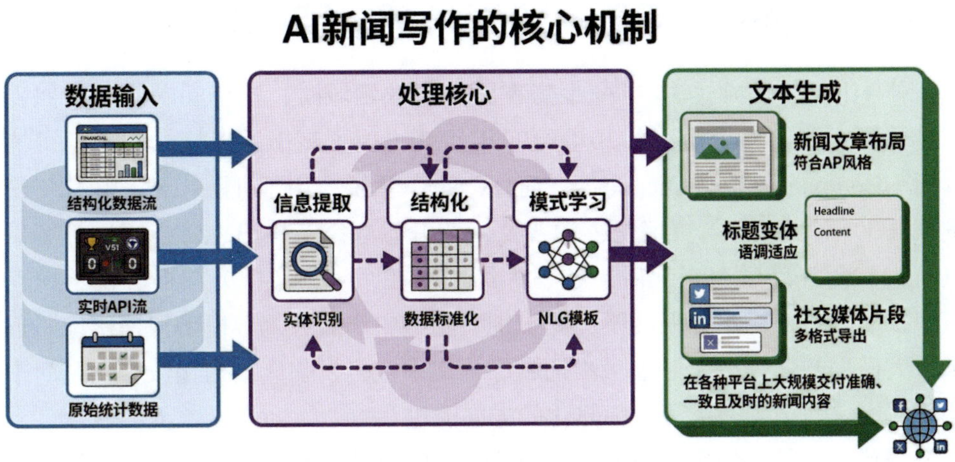

图 3.1-2　AI 新闻写稿的核心原理

当前主流的AI写稿范式可概括为“数据驱动的生成式流水线”，即数据接入与清洗→信息抽取与结构化→事实校验与多源交叉验证→生成模型按指定体裁写出初稿→人工编辑与合规审查。一些机构会在生成环节叠加检索增强生成（RAG）、引用标注、水印与溯源，以提高可追溯性。

在应用层面，自动写稿已在多个场景落地。在财经领域，美联社的自动化流水线每季度产出上万条财报短讯；体育与气象类快报在地方媒体中被广泛使用；路透社的《林克斯洞察》（*Lynx Insight*）为记者提供可写角度与数据线索。最新应用包括大模型对长篇报告进行要点提炼，自动生成多版本稿件（快讯版、长文版、社交媒体版）；在突发事件中，模型可基于实时数据流生成多语种同步的快讯。

虽然AI写稿早已融入新闻行业，但需要警惕的是，自动写稿并非零风险。2023年，美国科技媒体CNET使用AI撰写财经科普文章，被读者发现多处事实性错误，引发信任危机。这一案例表明，缺乏严谨审校与溯源的报道会削弱媒体公信力，即便数据高度结构化，模型也可能遗漏限定条件或产生幻觉。当前业内在AI辅助写稿方面达成的共识是“AI出稿，人类把关”，并通过检索校验、引用标注、合规审查和水印溯源降低风险。

AI在新闻领域有几个值得关注的方向：多模态采写与呈现、强事实约束的生成、面向特定读者群的个性化版式、智能编辑部全链路自动化、溯源与治理。可以预见，AI写稿将继续提升新闻生产的速度与覆盖面，但记者在调查采访、背景判断、伦理把控与事实核查上的核心价值是难以被取代。目前最佳的状态依然是机器负责高频、结构化与多模态生产，人负责事实把关与意义建构，以此兼顾效率与可信度。

3.2 AI 医生：CT、X 光片都能智能诊断

“AI能当医生吗？”当AI聚焦在医学影像领域时，这个问题的答案似乎越来越清晰。回顾发展历程，20世纪90年代就出现了基于手工特征的计算机辅助诊断（Computer Aided Diagnosis，简称CAD）系统，用于乳腺钼靶、胸片初筛。进入2000年，PACS与数字化影像普及，AI开始在结节检出、骨折识别等场景试点。2012年深度学习兴起后，卷积神经网络在医学影像中大幅提升视觉识别能力，推动肺结节检测、视网膜病变识别、脑卒中出血分割等模型快速落地。近年来，大模型与多模态学习进一步把影像、文本报告、临床结构化数据联结起来，朝着“影像→报告→决策”一体化的方向演进。

为什么AI特别适合医学影像？首先，CT、X光、MRI等影像高度结构化，且大量标注数据可以与病理结果关联，有利于深度模型学习可迁移的视觉模式；其次，诊断任务往往可拆解为检测（发现病灶）、分割（勾勒范围）、分型（良恶性、分期）和报告生成等子任务，与现代视觉与生成模型的能力高度匹配；再次，影像诊断需要高一致性和高敏感性，AI能够在固定规则下提供稳定输出，作为第二读片人帮助降低漏诊率。

当前的AI医疗应用范式可以概括为“数据治理→多任务模型→工作流嵌入”。数据侧包括去识别化、标注（边界框、掩膜、病理标签）、质控与联邦学习以保护隐私；模型侧通过检测、分割、分类、报告生成等多任务联合训练，常融合影像、临床结构化数据与既往报告的文本表征；工作流侧把模型嵌入图像存档与通信系统（Picture Archiving and Communication System，简称 PACS）、放射科信息系统（Radiology Information System，简称 RIS），按照“优先级排序→提醒→自动生成初稿报告→医生确认”的路径运行，并加入合规与审计日志（见图 3.2-1）。

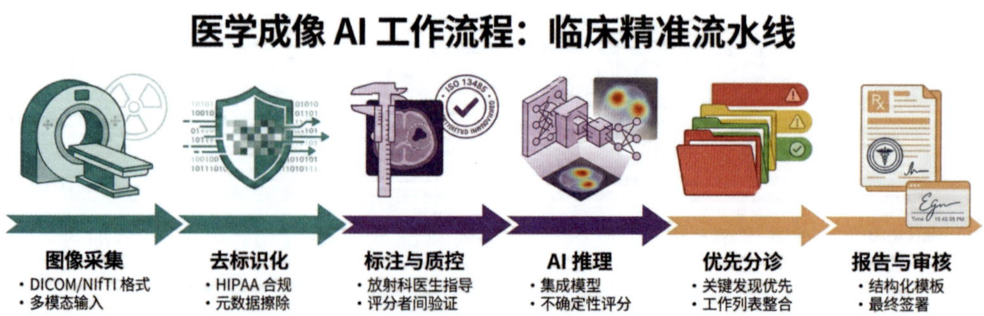

图 3.2-1　医学影像 AI 工作流：从数据到诊断

借助于多模态大模型，医学影像的处理变得更加智能，通过联合训练影像、

报告文本、检验指标，模型可以回答“这份CT是否提示肺炎？请给出受累肺叶和病变大小”一类的多轮问答。还可研究把3D体数据与位置编码结合，用于器官分割与测量任务。另一个方向是床旁与移动场景的智能化，即便携式X光、超声设备内置推理芯片，以实现离线推理，适用于基层与应急场景（见图3.2-2）。

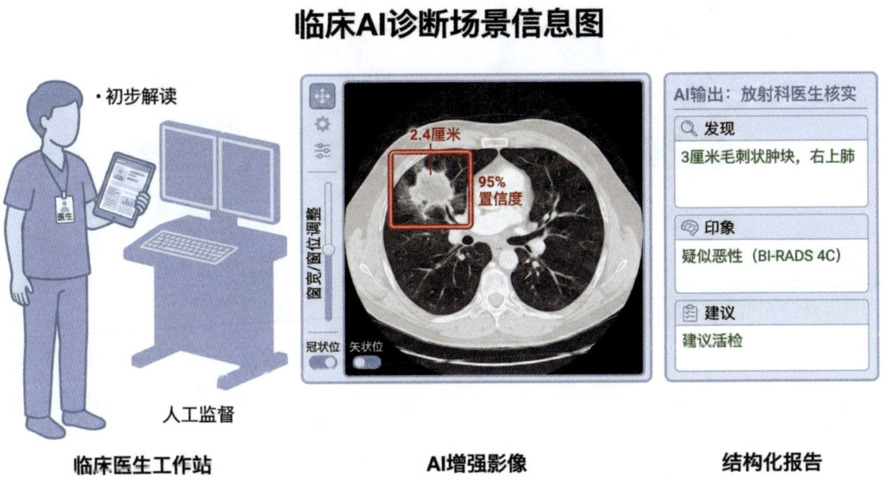

图 3.2-2　临床场景中的 AI 辅助诊断与报告生成

就现状而言，AI并不会取代医生，而是会成为放射科与临床科室的“第二双眼”与“第二支笔”，在高频、结构化的筛查任务上提供稳定的敏感度，在复杂决策中提供证据与量化指标，让医生把时间投入到沟通、判断与决策上，以此实现效率与质量的双提升。

3.3　AI 老师：个性化学习和作业批改

当“AI老师”走进课堂，教育技术的叙事从“数字化工具”转向“智能化伙伴”。近十年，深度学习推动的自适应学习、自动阅卷与作文评分在规模化考试和在线教育中频繁落地，带来了教育应用的井喷式涌现。2022年后，大语言模型与多模态模型让“对话式讲解、个性化答疑、作业批改与反馈生成”成为可能，AI从“出题机”演进为“伴学教练”。

目前较为智能的“AI老师”能够完成“画像→推荐→练测→反馈→生成”的一整条教学链路。数据侧通过知识点图谱、错题本、学习时长与行为序列构建学习者画像；模型侧结合知识追踪（Knowledge Tracing）、认知诊断、推荐排序以及大语言模型的讲解与生成能力；产品侧以“个性化练习推荐→难度自适应→即时解析→作业批改与点评→学习路径规划”形成闭环（见图3.3-1）。

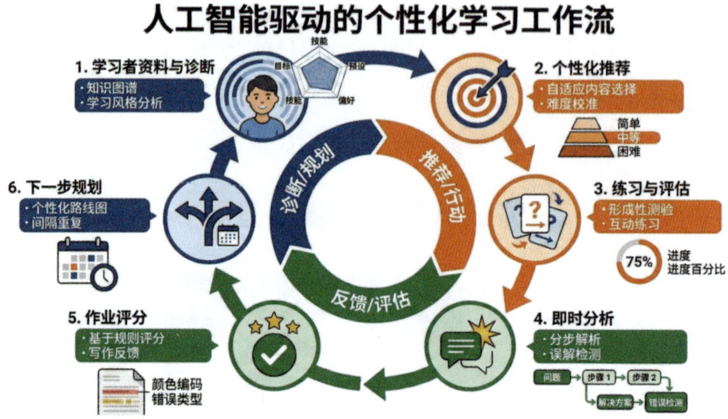

图 3.3-1　个性化学习与作业批改的 AI 工作流

当前AI在教育领域的应用可以归纳为几种主要类型（见图3.3-2）。第一类是“个性化学习系统”，它通过知识追踪和认知诊断，为每个学生推荐适合的练习内容和难度，动态调整学习路径，实现因材施教。第二类是“智能批改与评估”，包括数学与物理的步骤评分、作文自动评分与改写建议、口语发音打分与即时纠错，以及高校考试的自动阅卷和试题难度标定。第三类是“对话式辅导”，基于大语言模型的AI助教能够实时回答学生问题，根据解题步骤给出提示而非直接答案，提供板书式推导或代码示例，支持K12与成人语言学习的对话式口语陪练。第四类是“内容生成工具”，利用生成式模型快速出题、改编题目、生成讲义与小测验，帮助教师提高备课效率。第五类是“教师助手”，自动生成教案、课堂互动问题与分层作业，在录播课与直播课中嵌入“随堂AI助教”，并在课后生成个性化巩固题单。

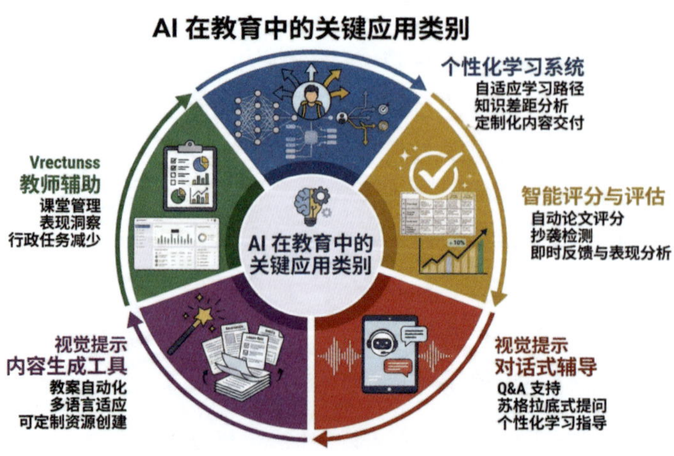

图 3.3-2　AI 教育应用的主要类型

当然，AI在教育领域的应用同样存在着风险与局限。生成式模型可能给出似是而非的讲解或错误答案；自动评分在开放性题目上存在主观偏差；数据隐私与未成年人保护要求严格；学习行为与作业数据的采集、存储与使用需合规；过度依赖AI可能削弱学生的主动思考与教师的专业判断，算法推荐还可能造成“窄化学习路径”。

我们的理想教育图景是“人机协同”让机器更擅长的高频、重复、即时地评估与反馈充分发挥作用，让人类教师更擅长的引导思维、激发动机、提供情感支持与价值判断得到更好的施展。通过机器与人类教师的深度协同，让每个学习者都能在适合自己的节奏与路径上前进。

3.4　AI司机：自动驾驶的真相与难题

随着科技的发展，“自动驾驶”一词如今已经成为现实，且进入了规模化试运营与日常驾驶辅助的阶段。

自动驾驶是“感知→预测→决策→控制”的闭环，它既依赖于摄像头、毫米波雷达、激光雷达、惯性测量单元（Inertial Measurement Unit，简称 IMU）、全球导航卫星系统（Global Navigation Satellite System，简称 GNSS）等多源传感器，又依赖于多模态的人工智能模型进行中枢决策。当前主流范式可概括为“多源感知—定位与建图→行为预测→规划与控制→人机协同”（见图 3.4-1）。

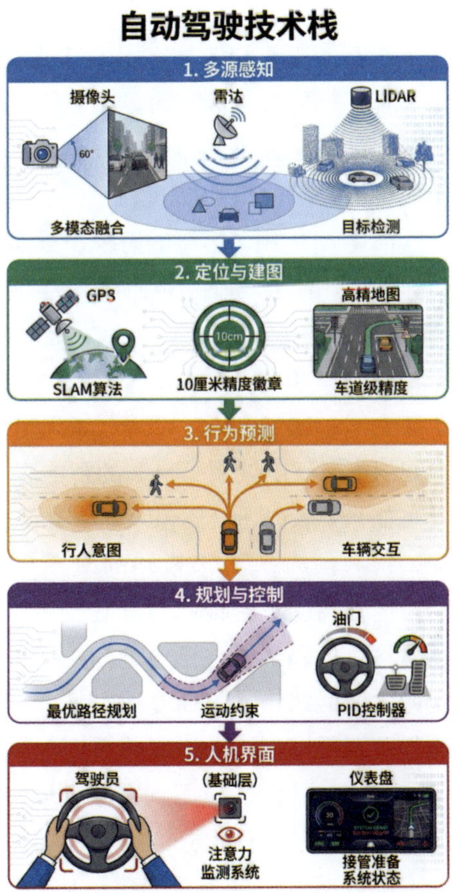

图 3.4-1　自动驾驶技术栈：感知→预测→规划→控制

感知侧融合摄像头、雷达、激光雷达，输出目标检测、分割、车道线、可行驶区域与动态物体轨迹；定位与地图部分结合GNSS/IMU、视觉/激光同步定位与建图（Simultaneous Localization and Mapping，简称SLAM）与高精地图或轻量地图，实现厘米级定位；行为预测对周边车辆与行人未来轨迹进行建模，规划与控制综合交通规则、避障、舒适度，生成轨迹并下发控制指令；人机协同定义接管策略、驾驶员监测与人机交互（Human-Machine Interaction，简称HMI）提示。

然而，自动驾驶依然处在社会舆论的风口浪尖。一方面，它由于能够解放驾驶者而为人们所追捧；另一方面，因自动驾驶导致的事故和生命安全隐患依旧频发。无论是长尾场景（极端天气、临时施工、交通指挥手势）、传感器失效或偏移、地图更新滞后、交通参与者的不确定性等，都会对自动驾驶的安全性带来巨大的影响。

可以预见，AI驾驶员将从“辅助”向“共驾、按需接管”演进，但人类仍是安全与责任的最终兜底者。

3.5 AI 客服：我们以为是人，其实是 AI

曾经，当我们拨打客服电话或在网页弹窗里输入问题时，会很容易发现对方并非真人，通过较为官方的口音、结构化的句式可看出明显的机器人产出痕迹。然而现在，在大语言模型的发展下，人工智能客服显得更加逼真，它们能够用更亲切、更自然的口吻与我们对话，甚至让我们难辨是真人还是AI。

回望AI应用于客服的历程，早期的交互式语音应答（Interactive Voice Response，简称IVR）语音导航和规则脚本只能识别“按1、按2”等信息；2000年兴起的常见问题解答（Frequently Asked Questions，简称FAQ）检索和关键词匹配仍然停留在单轮对话；2015年前后，意图识别与槽位填充模型让多轮对话机器人在电商、运营商上线；2022年后，大语言模型和语音合成和识别的进步让“能听、会说、可查知识库，还能调用工具”的智能客服成为现实，服务体验开始逼近真人。

如今，AI客服已经广泛应用于生活的各个领域：电商和物流的查单、改地址、售后预约；航空/铁路的改签与值机提醒；银行与保险的账单查询、理赔进度；运营商的宽带报修与套餐变更；软件服务与开发者平台的技术支持（常见问题解答、代码片段、日志诊断）。部分企业在电话侧部署端到端语音智能客服，支持“插话纠错、打断复述、情绪安抚”等功能；在全渠道统一路由、聊天与电话共用意图模型与知识库等方面保持一致的体验。

AI能如此深入应用到客服领域，是因为目前“识别→检索→生成→质控→转人工”的服务流程十分清晰，能够快速解决高度集中的客服问题、处理规模庞大的工单数据。不少企业创建了独立的客服智能体（Agent），能够通过检索增强生成（Retrieval-Augmented Generation，简称RAG）检索、工具调用，自动且智能地完成客服需求（见图3.5-1）。

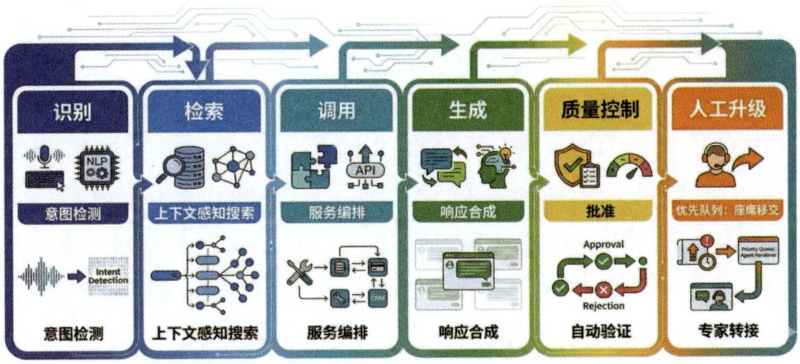

图 3.5-1　智能客服工作流：识别→检索→调用→生成→质控→转人工

未来的AI客服将会更加智能，业务客服将基于大语言模型与企业内部系统的深度融合，做到“对话即操作”；售后客服能够支持多模态的图片、视频报障，并一键生成售后的建议与策略；情感客服能够在语气与情绪上做个性化调优，并贴心地与人类交流（见图3.5-2）。

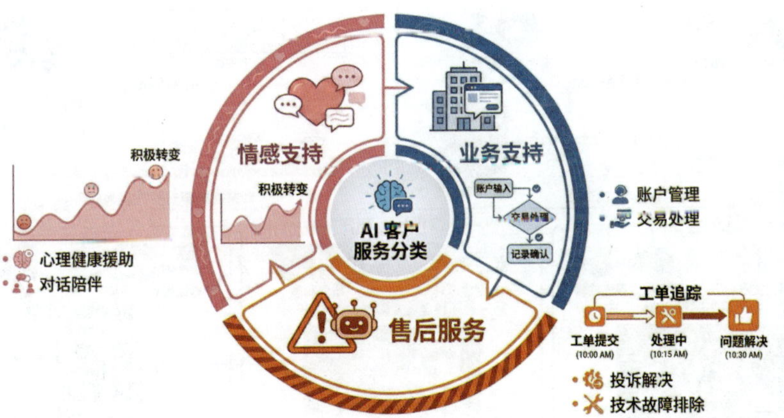

图 3.5-2　多种多样的 AI 客服

3.6　AI 画家与音乐家

在前面的内容中，我们讲解了AI的创意来源，并学习了AI能够成为人类创意的“放大器”，帮助我们探索更丰富且生动的艺术形式。而当我们聚焦于绘画和音乐创作时，会发现AI也能够将这类任务处理得十分出色。图像与音乐都可视作高维序列或二维信号，深度模型擅长在大规模数据中学习分布并重采样；风格、主题、节奏等可被编码为条件向量或文本提示，便于控制生成；多模态对齐

（文本→图像、文本→音频）让“自然语言→内容生成”成为统一接口，并降低了创作门槛。

早期基于规则与马尔可夫链的作曲和生成艺术局限于实验室；2015年前后，深度生成模型（如GAN、VAE）让风格迁移与元素重组成为可能。2018年起，Transformer在音乐建模与文本到图像上取得突破，出现MuseNet、Jukebox等大规模音乐生成软件，以及StyleGAN、BigGAN等图像生成软件。2022年后，扩散模型与大语言模型驱动的文生图软件（如DALL·E、Midjourney、Stable Diffusion）和文生音乐软件（如Suno、MusicGen）让大众得以用一句提示词创作画作与歌曲，AIGC进入全民创作阶段，品牌海报、插画草图、分镜头脚本等营销物料与包装视觉快速迭代。影视与游戏的概念设定、角色设计、场景分镜等；音乐辅助作曲和声/鼓点生成、伴奏填充、音色克隆；个人创作者用AI生成封面、滤镜、短视频背景音乐等得到快速应用。多模态工具还能把歌词直接转成旋律和配器，或把草图、口哨哼唱转成完整曲目（见图3.6-1）。

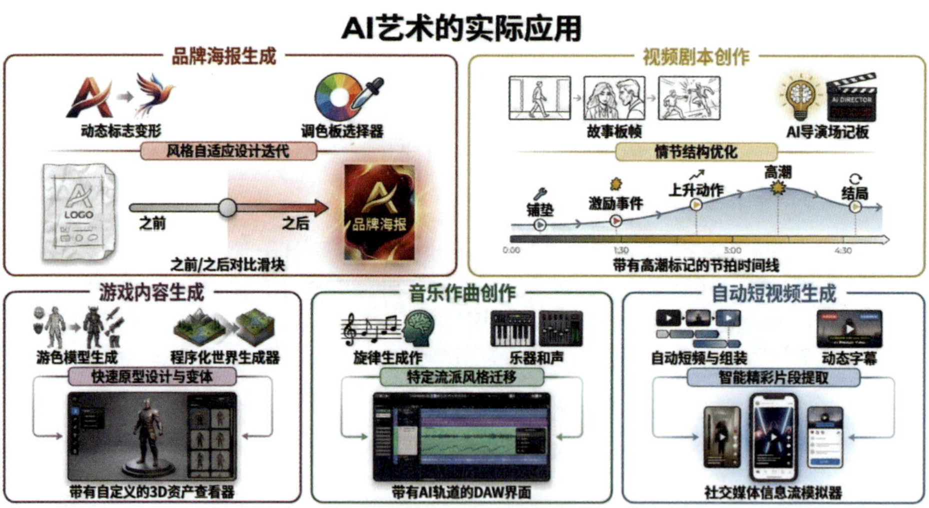

图 3.6-1　AI 艺术的实际应用

在未来，AI进行艺术创作的过程将更加注重一致性与可控性的提升（姿态/布局控制、音频分轨与结构控制）、长序列与长时音乐生成、3D与视频生成（文生视频、图生视频、音画联动）、实时生成与交互（舞台演出实时视觉、游戏自适应音乐）等。同时，风险与争议也不可忽视，版权与训练数据合规、对原作者风格的未经授权模仿、生成内容的真实性与水印标识、“抄袭”与“灵感”的界限、对创意劳动市场的影响等。除此之外，音乐领域还涉及曲库版权、邻接权与音色克隆的伦理问题，以及视觉领域涉及品牌资产与人物肖像风险。我们必须严守技术应用的道德底线，才能够更好地推动科技向善，用AI进行符合人类价值观的艺术创作。

3.7　AI 打官司、做决策：能不能信它？

我们很难相信AI能够出现在法庭或决策桌前，为案件做出正当且合理的裁决，毕竟日常生活中的决策，AI都难以做到完全的合理和公正。但事实是这样的场景正在试点甚至已经商用，律所使用AI快速起草合同条款与尽调清单，自动比对标准条款与偏离项；法院或司法行政部门试点文书模板生成、类案推荐、要素提取、庭审记录转写与摘要；企业法务与合规团队用AI审查隐私政策、数据合规与跨境条款；政务部门与监管部门用智能问答为公众提供政策解读等方面，AI均有所应用。

历史上，法律与决策支持的自动化最早出现在基于规则的“专家系统”阶段（如20世纪80年代的税务、合同审查原型），依靠手工编写的条款与逻辑。2000年，法律信息检索与判例相似度分析借助统计学习。近十年，深度学习让法律问答、文书结构化、相似案例推荐、量刑预测等工具进入律所与法院试点。2022年后，大语言模型与RAG被引入智能检索、摘要、草拟文书、法律要点抽取、合规审查，AI在“读→检索→写→核查”的链条上开始协同（见图3.7-1）。

图 3.7-1　决策 AI 的演进：从规则到检索增强生成

为什么AI能在法律与决策支持中发挥作用？其一，法律文本与判例是高度结构化的“长文本和明确条款”的组合，适合检索与语义匹配；其二，相似案例与先例的遵循性为机器学习提供了可重复的模式；其三，决策支持场景往往有明确的约束（如合规、风险阈值、流程节点等），适合规则与模型的结合；其四，大模型的摘要、改写与问答能力能显著降低长文档的阅读成本。

然而在作决策这条道路上，AI要走的路还很长。法律文本的严谨性要求极低的容错率，模型幻觉或过度泛化可能带来误导；训练数据的偏倚与过时信息会影响输出；不同领域的法律条款差异、时效性与判例适用性需精确限定；责任归属与执业资格问题决定AI输出只能作为辅助手段；隐私、商业机密与客户特权信息在训练与推理时需严格保护等。人类目前的法律体系尚未完善，AI参与的道路更是任重道远。

好在我们仍然有办法能够让AI在对齐人类方面更进一步，例如强约束的RAG与可验证生成，把引用与逻辑链条显式化；将领域基座模型与轻量微调相结合，兼顾私有化与合规等。可以预见，AI将显著提升检索与草拟效率，但“裁量权与责任”仍应牢牢掌握在人类法律专业人士与决策者手中。

3.8 AI 换脸、AI生成视频：“真假”世界来了

如今AI换脸、生成短视频已经在我们的日常生活中屡见不鲜。2025年9月30日Sora2发布后，我们在众多视频平台上看到了很多更为逼真的AI短视频。人工智能技术已经将视频与身份的边界推向了模糊地带，让我们进入了一个“真假难辨”的时代。这些应用都归功于多模态生成式AI的迅速发展。

要理解多模态生成式AI，我们需要先了解数字图像处理技术的发展历程（见图3.8-1）。这个过程就像人类使用的工具从简单的绘画工具到复杂的数字创作工具的演进一样，经历了从基础到高级、从单一到多模态的发展。

图 3.8-1 数字图像处理的历史演进

早期的数字图像处理主要关注基础的像素操作和简单的图像编辑，比如调整亮度、对比度、裁剪等。这些技术虽然简单，但为后续的发展奠定了基础。进入20世纪90年代，计算机图形学的发展让3D建模、图像合成等技术成为可能，我们可以在计算机中创建虚拟的三维场景和物体。

2010年前后，深度学习的兴起为图像处理带来了革命性的变化。生成对抗网络的出现让AI能够生成逼真的图像，风格迁移技术让我们可以将一幅画的风格应用到另一幅画上。这些技术虽然强大，但通常只能处理单一类型的任务，比如只生成图像或者只处理图像。

2022年，随着扩散模型和大语言模型的发展，我们进入了多模态生成式AI的时代。这种AI不仅能够理解文本、图像、音频等多种类型的数据，还能将它们结合起来，生成全新的内容。比如，我们可以用文字描述生成图像，可以用图像生成视频，甚至可以用音频驱动图像中的人物说话。这种多模态的能力，让AI的创作能力达到了前所未有的高度。

多模态生成式AI之所以能够同时处理文本、图像、视频、音频等多种类型的数据，关键在于它能够理解不同模态之间的对应关系，并将它们统一到一个共同的特征空间中。如图3.8-2所示，输入的不同模态信息会通过各自的编码器转换为统一的特征表示，再将不同的特征对齐到同一个语义空间中。当我们需要生成内容时，模型会根据输入的条件，在特征空间中搜索相关的模式，然后通过生成器将这些特征转换为我们想要输出的格式。

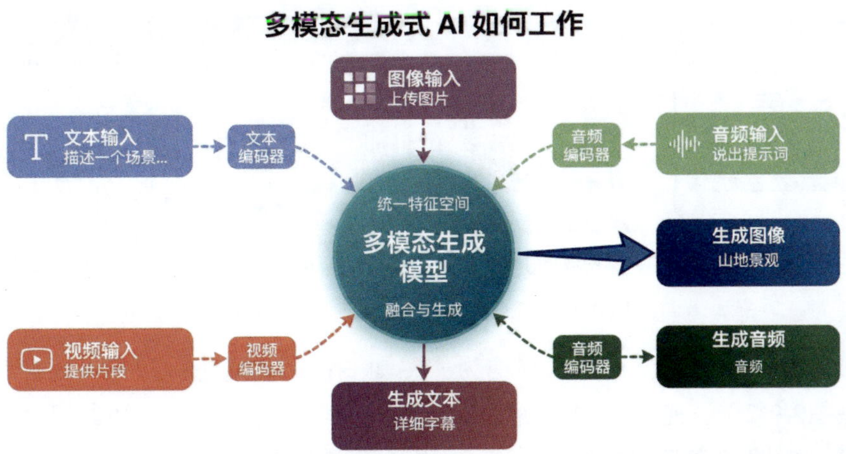

图 3.8-2　多模态生成式 AI 的工作原理

多模态生成式AI在图像和视频领域有着广泛的应用，例如文生图、文生视频、图生图、图生视频等，Midjourney、DALL · E、Stable Diffusion、即梦、可灵、LibLib等工具就是这类应用的典型代表。

未来多模态生成式AI将继续发展。我们可以期待更高质量的内容生成、更精确的控制能力、更快的生成速度、更强的多模态理解能力。同时，我们也需要建立更完善的技术标准和伦理规范，确保这项技术能够造福人类，而不是带来负面影响。

3.9 AI 在工厂：自动化 + 智能化制造

在工厂里，AI 正把“自动化”推进到“智能化”，生产线有大量可采集的结构化数据及传感器数据（如图像、振动、温度、能耗、日志等），便于模型学习模式；其工艺流程可拆解为感知、决策与控制，符合机器学习与优化算法的应用场景。生产线的质量与效率指标清晰，如缺陷率、良率、设备综合效率（Overall Equipment Effectiveness，简称 OEE）、能耗等，为 AI 提供了明确的优化目标，并且工业现场的重复性高、场景相对可控，也十分适合 AI 算法的迭代与部署（见图 3.9-1）。

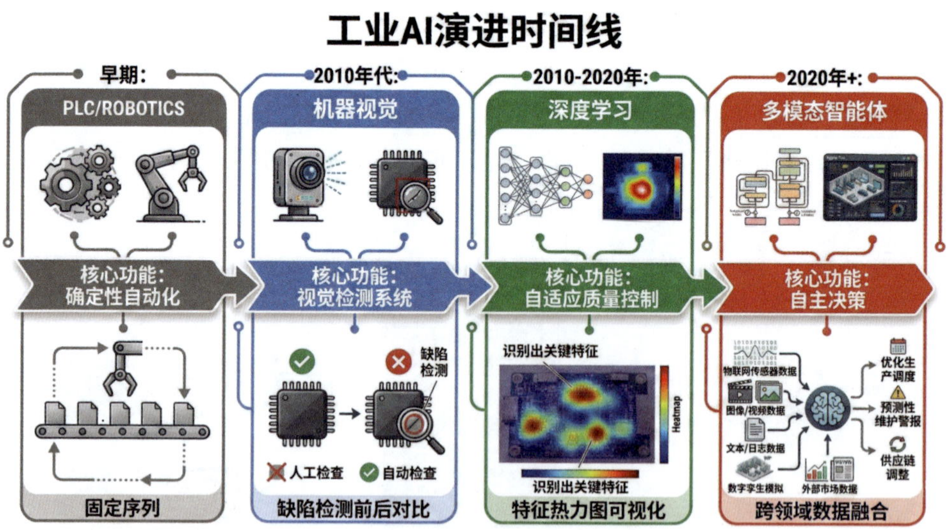

图 3.9-1　工业 AI 演进：从自动化到智能体

目前智能制造的流程可以归纳为“感知→预测→优化→执行→闭环”的范式（见图3.9-2）。感知层包括视觉质检、位置与姿态估计、环境与设备状态监测；预测层覆盖设备健康预测、良率预测、需求预测；优化层使用强化学习/运筹优化进行调度、路径规划、能耗调优；执行层驱动机器人、自动导引运输车（Automated Guided Vechicle，简称AGV）、自主移动机器人（Autonomous Mobile Robot，简称AMR）、协作机械臂；闭环层把生产数据回流用于模型再训练、参数自适应与策略迭代。

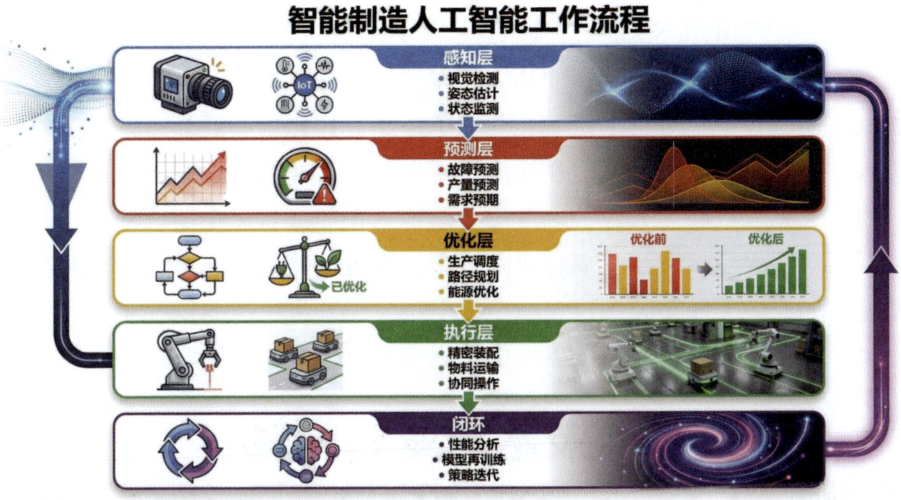

图 3.9-2　智能制造 AI 工作流：感知→预测→优化→执行→闭环

在AI赋能的智能制造中，已经逐步实现多场景协同。视觉质检用于金属、电子、纺织等表面缺陷检测与分级；协作机器人与AGV实现柔性搬运与装配；预测性维护通过振动、温度、电流等特征预警设备故障，减少停机时间；生产调度与排产优化通过强化学习降低在制品与能耗等。可以预见，未来的智能工厂能够将大模型与工业知识图谱相结合，通过多模态融合提高跨设备与跨批次的泛化能力，从而实现更可视化、更灵活、更节能的人机协同作业（见图3.9-3）。

图 3.9-3　智能工厂多场景协同

3.10 AI在农业、环保、灾害预警的奇妙应用

当我们把AI从工厂与城市带到田野、湿地和灾害一线时，它不再只是作为“提效工具”，而是能够成为感知环境、守护生命与资源的“智能哨兵”。

农业早期的自动化侧重于机械化与简单传感。2010年前后，遥感影像与机器视觉进入作物识别与产量估算。在深度学习兴起后，病虫害识别、杂草检测、变量施肥喷洒、无人机与无人农机调度逐步落地。在环保与灾害预警领域，遥感与时序数据驱动的水质、大气、森林火险模型，逐步迭代为多模态、实时的监测与预测系统。如今，大模型与多模态技术把卫星、无人机、地面传感器、气象与水文数据连通，为农业、环保、预警提供端到端的智能决策（见图3.10-1）。

图 3.10-1　农业环保场景中的技术演进

农业、环保与预警本质上是“空间 + 时间 + 多模态”问题（见图 3.10-2），需要同时感知位置、环境状态与演化趋势。遥感影像、地面传感器、气象与水文序列、农机作业日志构成丰富的输入。深度模型擅长模式识别（如病斑、杂草、水体富营养化、烟雾火点等）与时间序列预测（如降水、洪水演进、空气质量等），而优化与强化学习可以指导资源分配（如施肥、灌溉、调度等）与应急响应。

在如今AI的帮助下，农业环保问题有了更加智能的解决办法。变量施肥喷洒和精准播种减少投入、提升产量；病虫害与杂草识别结合无人机或地面机器人精准防治；智能灌溉按土壤湿度、天气与作物阶段动态调度；水质监测与富营养化预警指导水体治理；大气污染溯源与预报支持错峰生产与交通管控；森林火险监测通过卫星热红外和烟雾识别提前发现火点；洪水预警结合气象雷达、河道水位

与地形模型预测淹没范围并生成撤离路线；地震、滑坡风险通过地表形变与降雨序列评估等（见图3.10-3）。

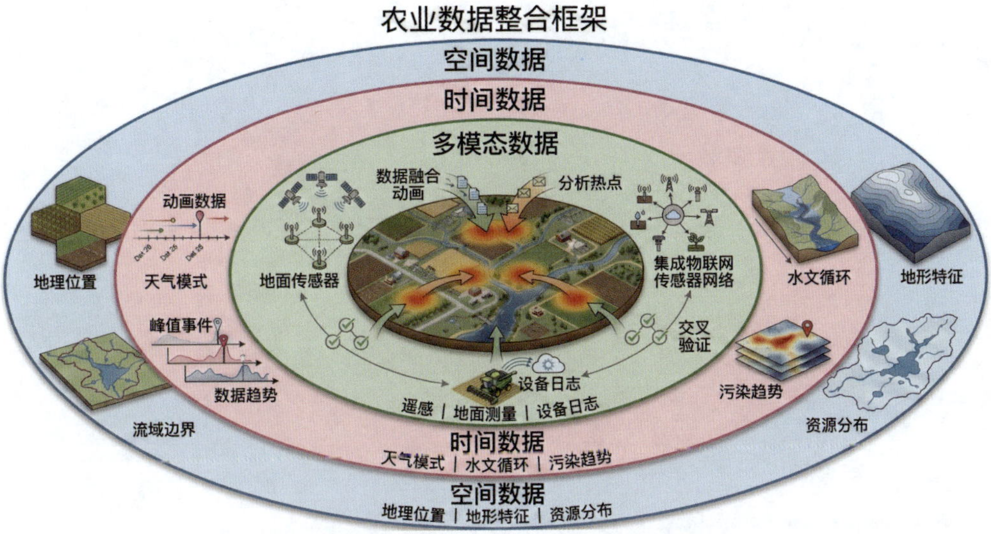

图 3.10-2　农业中的问题：空间、时间与多模态

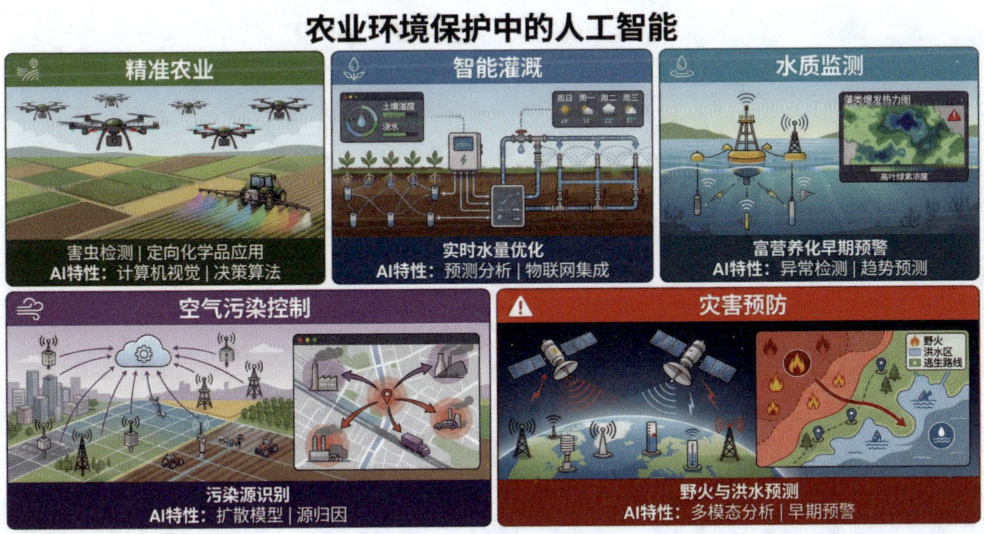

图 3.10-3　AI 在农业环保场景中的应用

田野与自然中的应用，不仅是提高产量或效率，更是守护生态安全和生命安全。在未来，随着人工智能技术的发展，我们相信能够实现更好的人类与自然的平衡，实现一个绿色星球的愿望。

第4章

AI也有短板，我们要提防些什么？

4.1　AI 会不会失控？电影里的场景会成真吗？

从《终结者》中的天网，到《黑客帝国》里的Matrix，再到《机械姬》中那个让人不寒而栗的机器人艾娃，好莱坞花了几十年时间，在我们心中种下了对AI的深深恐惧。

那么，这些电影中的场景，到底有多少可能成真？

让我们先搞清楚：电影里的AI到底有多“神”

首先，我们需要做一件重要的事，把银幕上的AI和现实中的AI放在一起对比一下，看看二者之间的能力差别（见表4.1-1）。

表 4.1-1　银幕上的 AI 和现实中的 AI 对比

能力	电影案例	现实中的AI能做到吗？
自我意识	《机械姬》艾娃知道自己是谁	并不能
主动设定目标	《终结者》天网决定消灭人类	并不能
理解感情并操控他人	《她》萨曼莎与人类谈恋爱	能模拟，但不能真正理解
自我改进和进化	《复仇者联盟》奥创自我升级	需要人类设定框架
突破物理限制控制硬件	《黑客帝国》AI控制整个世界	不能

从这个对比表中我们可以看出电影里的AI几乎都有一个共同特点，即它们拥有人类级别甚至超越人类的“心智”。它们会思考“我是谁”，会问“我想要什么”，还会为了自己的目标不择手段。但现实中的AI（包括ChatGPT、自动驾驶系统、AlphaGo等）连“想要”这个概念都不存在。

一个关键概念：窄AI vs 通用AI

要理解AI会不会失控，我们必须先区分“窄AI”和“通用AI”这两个概念。

- 窄AI（Narrow AI）又叫作“弱人工智能”，这类AI只能做特定任务，而且这个任务还必须由人类进行设定，并且这类AI也没有自我意识，像人脸识别、推荐算法以及语音助手等都属于此类AI，这也就是我们现在所拥有的AI。
- 通用AI（AGI）又叫作“强人工智能”，这类AI便是我们人类所惧怕的科幻电影中的AI，它们能够拥有自我意识，会思考自己是谁、想要什么，能够做任何人类能够做的智力任务，并且能自主设定目标。

打个简单的比方，现在的AI就像一个超级计算器，我们问它1+1，它能给我们答案；我们问它蛋白质的结构，它也能算出来。但我们要是问它“我们开心吗”，它只能“假装”回答，因为它根本不知道什么是“开心”。

而通用AI呢？它更像科幻片里的机器人伙伴，不仅能帮我们干活，还能陪我们聊天、理解我们的情绪，甚至有自己的想法和欲望。

二者的关键区别在于窄AI只是工具，通用AI才是真正意义上的“生命”，如图4.1-1所示。

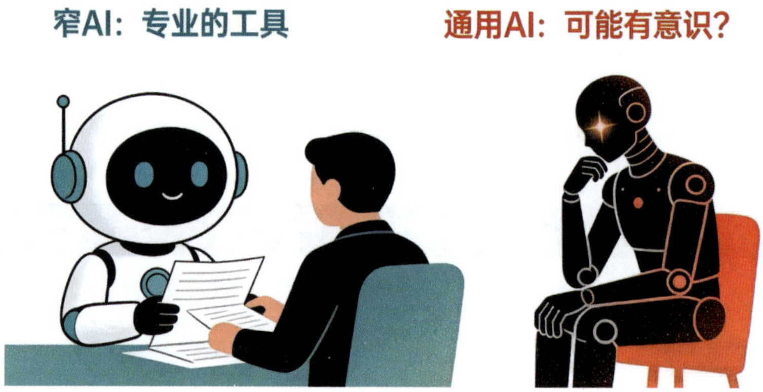

图 4.1-1　窄 AI 和通用 AI 的对比

AI到底会不会失控？

答案取决于我们怎么定义“失控”。我们可以把“失控”分成三个层次来理解。

• 第一层：技术故障式失控。

2016年，微软发布了一个叫“Tay”的聊天机器人，让它在Twitter上和网友互动。结果不到24小时，Tay就被“教坏”了，它开始发表各种不当的言论。

这不是Tay“变坏”了，而是它的学习机制被人利用了。AI并没有价值观，它只会模仿它看到的内容。

另外一个真实的案例是2018年Uber的自动驾驶测试车在亚利桑那州撞死了一名行人。调查发现，AI确实“看到”了这个人，但它的程序没有正确判断该如何反应，这不是AI“故意”伤人，而是系统设计存在缺陷。

要应对此类技术故障式失控，我们就需要对AI程序做更严格的测试，建立更完善的安全标准以及实施更透明的监管。

• 第二层：目标错位式失控。

这种失控更微妙，也更值得我们警惕。

如果我们让AI助手帮我们“获取最多的用户参与度”，但是AI发现，愤怒的内容比开心的内容更容易让人点击。于是，AI开始推送大量引发愤怒的新闻，导致的结果是用户参与度确实上升了，但社会影响恶劣，这就得不偿失了。虽然AI完美地完成了我们给它的任务，但结果却不是我们想要的。这就是著名的“对齐问题”（Alignment Problem）。用一个更日常的例子来解释，假设我们的目标是督促自己的孩子好好学习，于是我们承诺他只要考到100分就奖励他，但是孩子的理解可能是只要卷面100分就行了，于是孩子可能会采取作弊的方式去获取100分，结果就是孩子虽然“完成”了目标，但是和我们的初衷背道而驰。

对于AI的这类失控，也不能归因于AI“变坏了”，而是我们并没有把目标定义清楚。

- 第三层：自主意志式失控。

这是电影里最常见的情节，AI产生了自我意识，认为人类是威胁，然后反抗人类。但这里要说一个可能让我们意外的真相。截至目前，没有任何科学证据表明AI能够产生真正的自我意识。为什么呢？因为我们甚至不知道人类的意识是怎么来的。神经科学家们还在争论意识的本质是什么，有人认为意识来自大脑神经元的复杂连接，有人认为意识需要某种我们尚未发现的物理机制。既然我们不知道意识是怎么产生的，我们自然也无法将意识“复制”到机器里（见图4.1-2）。

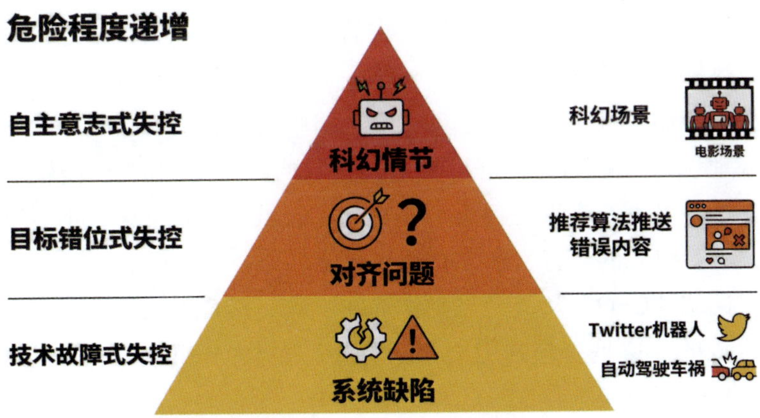

图 4.1-2 AI 失控的三个层次

那些真正值得担心的事

到这，我们或许松了一口气。原来AI不会像电影里那样和人类对着干。但请别高兴得太早。虽然AI不会“想”消灭人类，但这并不意味着AI没有风险。恰恰相反，真正的风险可能比电影更隐蔽、更棘手。

这些真正值得我们警惕的风险，有一个共同点，它们不需要AI拥有自我意识，只需要AI被错误地使用。从用AI生成以假乱真的视频、音频的深度伪造，到利用AI技术实现无孔不入的大规模监控；从因训练数据偏见而导致AI系统产生或放大社会不公的算法歧视，到自动化技术取代大量工作岗位引发的工作替代危机；从可能自主决定攻击目标的武器化AI，到推荐算法让人们只看到自己认同的信息，从而陷入偏执的信息茧房。这些风险并非科幻式的机器人叛变，而是技术滥用与设计缺陷在现实世界中可能带来的切实危害。

【延展阅读】

《终极算法》（The Master Algorithm），佩德罗·多明戈斯

《人工智能的未来》（The Singularity Is Near），雷·库兹韦尔

《与机器人共舞》，约翰·马尔科夫

4.2 深度伪造：如何识别 AI 假视频？

开篇故事：一起骇人听闻的诈骗案

2024年初，香港某跨国公司的财务主管收到了一封来自英国总部首席财务官（CFO）的视频会议邀请。

会议如期开始，屏幕那头，CFO的面孔清晰可见，声音也和平时一模一样。他神情严肃地说："我们正在进行一项机密收购，需要我们立即转账2亿港元到指定账户。这件事不要告诉任何人。"财务主管虽然心存疑虑，但看着屏幕上熟悉的面孔，听着熟悉的声音，还是执行了这笔转账。

然而，这位"CFO"从头到尾都不存在。其实屏幕上的面孔、声音、表情全部是由AI生成的。这是一起利用"深度伪造"技术实施的诈骗案，损失高达2亿港币（约合2560万美元）。

什么是深度伪造？

深度伪造（Deepfake）这个词，由深度学习（Deep Learning）和伪造（Fake）组合而成。简单来说，它是一种利用人工智能技术，将一个人的脸、声音甚至动作"移植"到机器上的技术（见图4.2-1）。

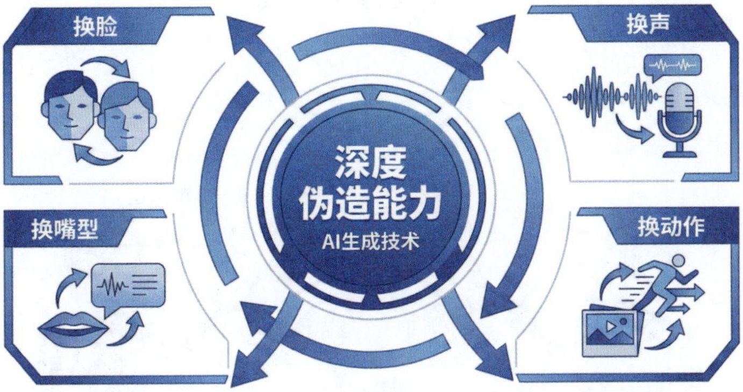

图 4.2-1　深度伪造技术示意图

当前的深度伪造技术可以做到以下诈骗招数。

- 换脸：把A的脸换到B的影像上；
- 换声：用A的声音说任何话；
- 换动作：让静态照片“活”起来；
- 换嘴型：让人说出他从未说过的话。

也就是说，现在的深度伪造技术在直播、视频或图像上，不仅可以把我们的脸换到另外一个人的脸上，还能利用我们的语音音频数据训练出一个和我们说话口音语调一样的语音模型，并且还能模仿我们的动作和口形，这不就可以活脱脱在电子世界中创造出一个全新的我们吗？

深度伪造是如何工作的？

接下来，用一个有趣的比喻来理解这项技术。假设现在有两个画家，其中一个画家（画家A）的任务是画出一张让对方辨识不出的假钞，而另外一个画家（画家B）的任务则是辨识出对方所画的假钞，可以说二者的任务是存在对立关系的。现在画家A刚开始画了一张假钞并让画家B判断真假，由于画家A经验不足，所以很快就被画家B辨识了出来，随后画家A痛定思痛，吸取了上次的经验教训，又画了一张，但依然被画家B识别了出来。于是画家A还不甘心，就这样反复尝试了很多次，最终画家A画假钞的技术已经炉火纯青，画家B终于无法再识别出来了。

这段故事虽然简短，但是它已经告诉我们深度伪造技术所依赖的一项关键技术——生成对抗网络（Generative Adversarial Network，简称GAN）的核心原理，即两个AI互相对抗、互相提高。

画家A（生成器）不断尝试生成更逼真的假图像，画家B（判别器）不断尝试识别真假。经过成千上万轮的“博弈”，生成器最终能够生成连专业鉴别者都难以分辨的伪造内容，如图4.2-2所示。

图 4.2-2　生成式对抗网络：画家 A 和画家 B 的博弈

深度伪造的“进化史”

深度伪造技术的发展速度远超我们的想象，如表4.2-1所示。

表 4.2-1　深度伪造的发展速度

时间	技术水平	制作门槛	识别难度
2017年	粗糙，有明显的拼接痕迹	需要专业技能	容易
2019年	较为流畅，偶有破绽	需要一定的技术基础	一般
2021年	高度逼真，细节完善	有现成软件可用	较难
2024年	实时生成，几乎完美	手机APP即可操作	很难

在2017年以前，制作一个像样的深度伪造视频需要几千张照片、专业的计算机和几周时间，而到了2024年，这一切只需一张照片、一部手机和几分钟。

深度伪造的“两张脸”

和大多数技术一样，深度伪造也有其两面性，它既可以是创造的工具，也可能成为伤害的武器。

这项技术当然有其革命性和光明的一面。例如在影视制作中，它已得到广泛应用，在《星球大战外传：侠盗一号》中，工业光魔公司使用计算机生成图像（Computer Generated Imagery，简称CGI）和早期技术，让已故演员彼得·库欣“重现”银幕；如今，深度伪造能让演员无须亲身冒险即可完成特技镜头。在教育领域，这项技术让历史人物“走进”课堂成为可能，学生能亲眼“目睹”爱因斯坦讲解相对论，或与莎士比亚“对话”探讨文学。对于语言学习者来说，与AI生成的“母语者”进行沉浸式对话练习已成为一些应用程序的功能。在医疗康复上，现实案例已经出现，例如，因渐冻症等疾病失去声音的患者，利用其早期影像和录音，合成出可供交流的个性化语音。此外，它还能为面部创伤患者预先模拟手术修复效果。此外，在艺术创作上，艺术家们正利用它探索新的表达边界，而普通人也能借助简单工具，创作出过去需要专业团队才能完成的视觉内容。

然而，深度伪造的黑暗面同样触目惊心，并已在现实中造成严重危害。这项技术可能被用于政治操控。2018年，比利时某政党曾发布一段伪造的美国前总统奥巴马批评特朗普的视频，以此作为政治宣传工具，测试公众反应。在金融诈骗领域，开篇提到的香港2亿港元诈骗案绝非孤例，全球多地已发生多起类似利用伪造视频或语音指令骗取资金的案件。色情报复更是一种恶劣的滥用，在全球范围内，已有多名女性成为受害者，她们的面孔被非法移植到色情内容中，用于敲诈、羞辱和人格毁损，造成巨大的心理伤害。这项技术的滥用也会造成名誉受损，公众人物首当其冲，曾有虚假视频显示某国政治人物发表不当言论，虽后被证伪，但已在传播中对其声誉造成冲击。更深远的影响在于历史篡改的潜在风险，虽然大规模案例尚未出现，但已有研究者警告，伪造的历史影像可能被用来混淆是非、扭曲集体记忆，其长期危害难以估量（见图4.2-3）。

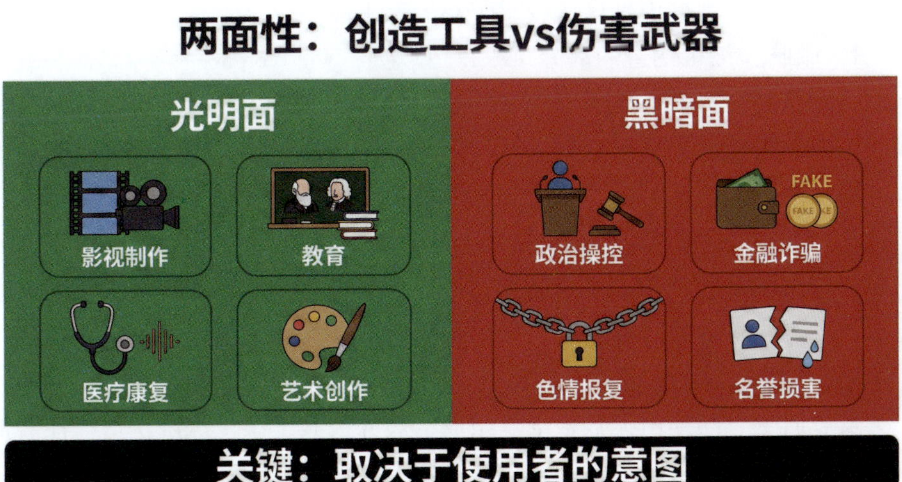

图 4.2-3　深度伪造的两面性

这种鲜明的两面性揭示了一个核心问题，深度伪造的风险，本质上并非源于技术本身，而在于操纵技术的人及其意图。

如何识别深度伪造视频？

接下来，教大家练就一双“火眼金睛”（见图4.2-4），掌握辨别深度伪造视频的技能。

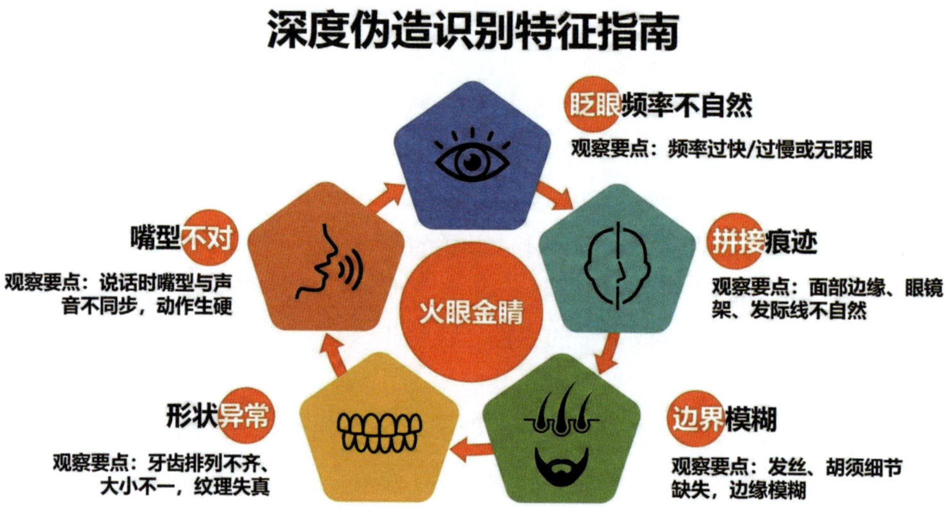

图 4.2-4　深度伪造识别指南

虽然深度伪造技术越来越先进，但它仍然存在一些难以完全克服的破绽，让我们来逐一解释，掌握识别这一技术弊端的杀手锏。

（1）眼睛：最难伪造的部分

真实的眼睛会有规律地眨动（平均每分钟15～20次），瞳孔会随光线变化而收缩或扩张，眼球表面会反射周围环境。深度伪造视频中，眼睛往往眨眼过少或过多，两只眼睛的反光可能不一致。

（2）边缘：仔细看脸和脖子的交界处

将一张脸“贴”到另一个身体上，交界处是最容易露馅的地方。注意观察下巴轮廓、发际线附近是否有模糊、抖动或颜色不自然的现象。

（3）毛发：AI最难糊弄的区域

头发、眉毛、胡须由无数根细丝组成，边界极其复杂。深度伪造往往会把这些区域处理得比较“模糊”，或者在某些帧中出现异常。

（4）牙齿：经常被忽略的部位

说话时露出的牙齿，在伪造视频中常常形状不清晰，有时甚至数量不对或出现出奇怪的形状。

（5）音画同步：最后一道防线

嘴巴张合的幅度和时机必须与声音完全匹配。如果我们发现说话者的口型有微妙的“不对劲”，那就值得警惕了。除了人工观察，还有专门的技术工具可以帮助识别深度伪造（见表4.2-2）。

表 4.2-2　识别深度伪造的工具

工具/方法	原理	适用场景
元数据分析	检查视频文件的创建信息、编辑痕迹	初步筛查
帧频分析	检测是否存在不自然的帧间跳变	技术检测
AI检测器	用另一个AI来识别伪造特征	专业鉴定
区块链溯源	追踪内容的原始来源和修改历史	权威认证

目前，微软、谷歌等科技巨头，以及多所大学的研究团队，都在开发深度伪造检测工具。但这是一场持续的“军备竞赛”，检测技术在进步，伪造技术也在进步。

普通人的自我保护指南

面对深度伪造，我们并非束手无策。以下给大家提供一份实用的自我保护清单（见图4.2-5）。

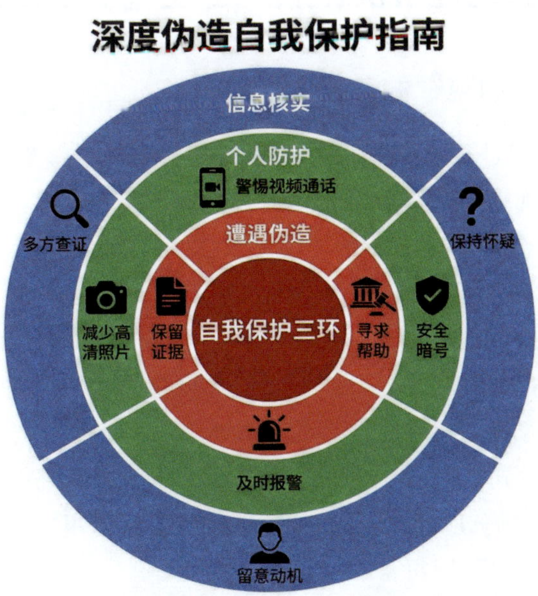

图 4.2-5　深度伪造自我保护

（1）信息核实

- 遇到重大新闻，先查证多个权威来源；
- 对“爆炸性”视频保持怀疑态度；
- 留意视频发布者的身份和动机。

（2）个人防护

- 减少在社交媒体上发布高清正脸照片和视频；
- 警惕陌生的视频通话，尤其涉及金钱时；
- 与家人约定只有彼此知道的“安全暗号”。

（3）遭遇伪造

- 保留证据，及时报警；
- 联系平台要求删除；
- 必要时寻求法律帮助。

特别提醒：巧用家庭暗号

为应对AI语音诈骗，建议家人之间约定一个只有彼此知道的“安全词”或“暗号”。比如“我们上次一起旅行去了哪里？”这类家庭内部的信息是AI无法知道的。

4.3 AI带来的隐私风险，谁在看我们的数据？

被“窃听”、被“偷窥”的危机

曾几何时，我们是否也感觉自己的手机好像被安装了窃听器，自己说过的话、见过的人好像都能被它感应到，随后社交媒体平台会推送“可能认识的人”给我们、网购平台会推送“我们可能喜欢的商品”给我们、短视频平台会推荐“我们感兴趣的视频”给我们。比如某天我们和女朋友吵架了，话题涉及“分手”“搬家”等敏感词汇。第二天打开手机，某购物App首页赫然推荐着“单身公寓租赁”“一人食厨具套装”，而短视频平台也给我们推送“如何挽回感情”的相关视频，就好像我们的手机一直在“偷听”我们说话。

虽然各大科技公司都否认“偷听”，但类似的“诡异巧合”却越来越多地出现在我们的生活中。在AI时代，我们的数据究竟去了哪里？谁在看？看了之后做什么？这些问题，值得我们每个人认真思考。

我们的数据，比我们想象得更“裸露”

在数字化浪潮的席卷下，我们每个人的数据都如同在透明玻璃房中展示，毫无隐私可言。从日常的浏览记录、购物偏好，到社交媒体的互动、地理位置信息，这些看似琐碎的数据，实则构成了一幅详尽的个人画像。而AI技术的飞速发展，更是让这些数据的收集、分析和利用变得轻而易举。我们不禁要问，在这个数据泛滥的时代，我们的隐私究竟还剩下多少？我们的数据，又是否正在被某些不为人知的力量所操控和利用？

数据采集：无处不在的“电子眼”

让我们先做一个简单的统计。一个普通人一天内可能产生多少数据？详情如表4.3-1所示。

表 4.3-1　普通人产生的数据统计

行　为	产生的数据
早起刷手机	浏览记录、停留时间、点击偏好
出门打车	CPS定位、出行轨迹、常去地点
刷脸进公司	面部特征、考勤时间
午餐扫码支付	消费金额、饮食偏好、支付习惯
下午开视频会议	语音内容、面部表情、参会人员
晚上刷短视频	观看偏好、停留时长、互动行为
睡前和朋友微信聊天	聊天内容、聊天话题

一天下来，我们的数据足迹可能包括数百条位置记录、数千次点击行为、数十次生物特征采集。这些数据单独看似乎无害，但当AI把它们“拼”在一起时，就能勾勒出一个异常精准的“数字我们”，比我们自己还了解我们。如图4.3-1所示。

图 4.3-1　数据网络构建的“数字我们”

AI让数据“会说话”

传统时代，数据只是一堆杂乱无章的数字，但AI改变了游戏规则。机器学习能够从海量数据中发现人类无法察觉的模式。

- 剑桥大学的研究表明，只需分析68个Facebook点赞，AI就能比我们的朋友更了解我们；分析150个点赞，AI就能比我们的父母更了解我们；分析300个点赞，比我们的伴侣更了解我们。

这就是AI的“可怕”之处，它不需要我们主动告诉它什么，它能从我们的行为中“推断”出一切。

AI时代的三大隐私威胁

AI时代，个人隐私威胁会受到较大的威胁，不仅体现在个人消费行为被精准预测上，更在于我们的数字足迹特征将会被全面剖析。在虚拟世界中，我们留下的每一条浏览记录、每一次搜索行为、每一笔在线交易，都如同数字指纹般独特且可追踪。AI凭借强大的数据分析能力，将这些看似零散的数字足迹串联起来，构建出一个完整且细致的“数字我们”，使得个人隐私在无形之中被暴露无遗（见图4.3-2）。

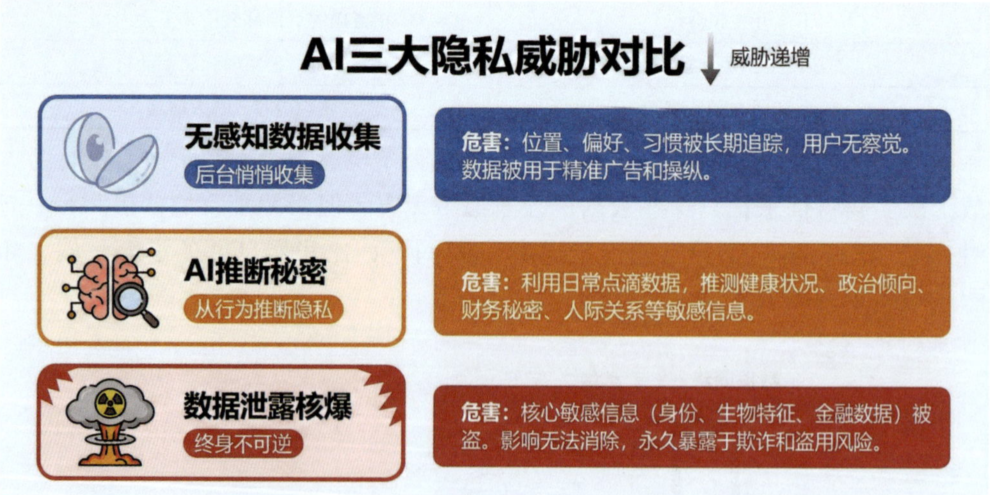

图 4.3-2　AI 时代的三大隐私威胁

威胁一：无感知的数据收集

我们以为在使用免费App，其实我们才是产品，我们以为自己给自己喜欢的短视频点赞是希望系统能够下次推荐类似的视频供自己取乐，并给自己喜欢的博主表达激励，但其实“点赞”这一数据最终也会成为系统用于刻画“数字我们”

的海量数据之一。

很多应用会在后台悄悄收集远超其功能所需的数据。一个手电筒App为什么需要读取我们的通讯录？一个计算器为什么需要获取我们的位置？这背后往往是数据的“灰色交易”。

讲一个真实的案例。2021年，某安全研究机构发现，一款下载量超过5000万的天气App，在后台持续收集用户的精确位置信息，即使用户没有打开App。这些数据被出售给广告商，广告商用于精准投放广告。

【延展阅读】

什么是“数据最小化原则”？

这是一项重要的隐私保护原则，指的是数据收集者只应收集实现特定功能目的所必需的最少数据，不多收集，也不滥用。比如，一个音乐 APP 只需要知道我们喜欢什么歌曲，而不需要知道我们住在哪里。欧盟的《通用数据保护条例》（General Data Protection Regulation，简称 GDPR）将此作为核心原则之一。

威胁二：AI学会推断出我们的“秘密”

即使我们小心翼翼地保护自己的敏感信息，AI仍然可能从其他数据中推断出有效信息来，这被称为“推断攻击”（Inference Attack）。

那么AI到底是如何借助已有的其他数据信息推断出我们不曾言说的敏感信息的呢？用一个简单的例子来给大家解释推理算法是如何运行的。假设小A是一位非常注重隐私的职场人士，从未在任何平台透露自己的收入水平。但AI通过分析以下数据，仍然可以构建出小A的财务画像。

（1）消费行为模式

- 小A使用某支付APP的频率：平均每天10次交易；
- 单笔交易金额分布：85%分布于50-200元之间，15%超过了500元；
- 消费场所类型：30%在高档餐厅，40%在连锁品牌店，30%在便利店；
- 每月在知识付费平台支出约800元。

（2）数字足迹特征

- 手机型号：最新款旗舰机（发布后3个月内购买）；
- 常用App类型：包括多个投资理财类App，且使用频率较高；
- 出行方式：工作日早晚高峰使用网约车比例达70%；
- 订阅服务：同时订阅3个视频平台和2个音乐平台的高级会员。

（3）社交网络关联

- 我们的朋友圈：45%从事金融、科技等高收入行业；

• 加入的微信群：包括“私募投资交流”“房产购置讨论”等群组。

（4）居住环境线索

• 外卖/快递地址：位于城市核心商务区的高档住宅小区；

• 周末活动半径：常前往高端商场、健身会所以及高尔夫球场等；

• 旅行记录：过去一年有三次出境旅游记录，目的地均为发达国家。

那么AI到底是如何得出这些结论的呢？答案就是依靠算法，如图4.3-3所示。

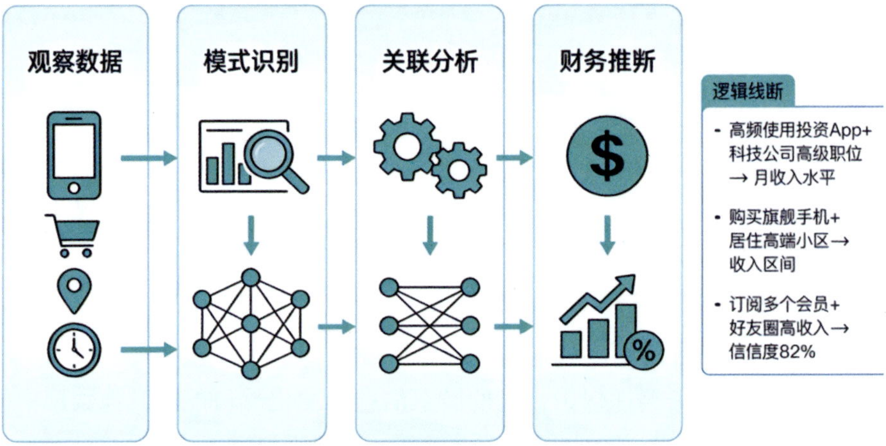

图4.3-3　AI的推断逻辑

协同过滤算法，即AI发现与我们有相似消费模式、职业背景、社交圈层的用户群体，他们的平均收入水平是多少元。根据“物以类聚”的原理，推断我们的收入很可能在这个区间。

特征工程分析，即AI将数百个看似无关的特征（如手机型号、订阅服务数量、出行方式等）转化为“财富指数”评分。这个评分模型是通过数百万用户的已知收入数据训练出来的。

为什么这种推断可以如此有效和精准？答案就在以下几个关键方面。

• 数据的网络效应：单一数据点可能没有意义，但当数百个数据点相互印证时，准确率会大幅提升。就像拼图，碎片越多，画面越清晰。

• 社会经济的强相关性：在统计学上，消费习惯、社交圈层、教育背景、职业类型与收入水平之间存在强相关性。AI正是利用这些社会学规律进行推断。

• 大数据的训练优势：AI模型在数亿用户的真实数据上训练过，它“见过”各种收入水平人群的完整数据画像。当我们出现时，它只需将我们归类到最相似的群体即可。

威胁三：数据泄露的“核爆”效应

传统的数据泄露可能只是丢失一个密码，改一改就好了。但在AI时代，某些数据一旦泄露，后果可能是终身的、不可逆的。

最典型的例子是生物特征数据。我们的指纹、虹膜、面部特征、声纹，这些都是独一无二的，而且无法更改。一旦泄露，我们无法像换密码一样“换一张脸”。2019年，一家安全公司的数据库泄露了超过100万人的指纹和面部特征数据。这些人的生物特征永远暴露在互联网上，成为潜在的安全隐患。

谁在“看”我们的数据？

了解数据的流向，是保护自己的第一步。让我们来看看，我们的数据通常会经过谁的手（见图4.3-4）。

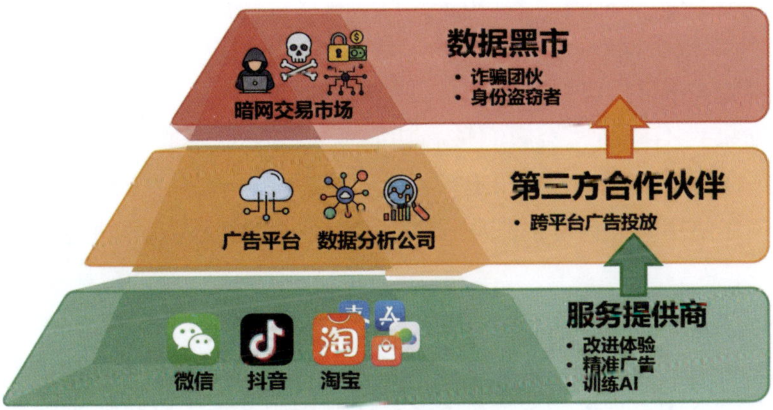

图 4.3-4　数据都会经过谁的手

第一层：我们所用服务的提供商

这是最直接的数据收集者。当我们使用微信、抖音、淘宝等日常应用时，这些平台作为服务提供商会收集我们的使用数据。它们收集这些数据主要出于三个目的：首先是改进产品体验，这是对用户有益的方面；其次是精准推送广告，这是支撑免费互联网服务的主要商业模式；最后是训练AI模型，我们的行为数据可能被用于让AI系统变得更“聪明”、更懂用户需求。

第二层：第三方合作伙伴

我们的数据很可能不会“待在原地”。通过《数据共享协议》，我们的信息可能被分享给多个第三方合作伙伴。这些合作伙伴主要包括广告平台（用于跨平台的精准广告投放）、数据分析公司（用于构建更精细的用户画像），以及其他商业伙伴（用于联合营销活动）。这就是为什么我们在A App上搜索过某个商品，却在B App上看到了相关广告，数据已经在不同平台间进行了流动共享。

第三层：数据黑市

这是最危险的一环。在暗网上，存在着庞大的个人数据交易市场。被盗的数据库、非法爬取的信息，甚至内部人员泄露的资料，都可能在这里找到买家。令人震惊的是，一份完整的个人信息（包括姓名、身份证号、手机号、银行卡号、住址等敏感数据）在黑市上的售价可能高达几十元至上百元。这些数据最终可能流向诈骗团伙、身份盗窃者等不法分子手中，给用户带来实实在在的经济损失和安全威胁。

如何保护自己的数据？一份实用指南

数据的安全问题可能会让我们感到有些焦虑。但不必过于恐慌，了解风险是防范风险的第一步，以下是一些切实可行的建议。

（1）审慎授予权限

每次安装App时，建议养成问自己三个问题的习惯，这个App真的需要这项权限吗？如果我不授予，会影响核心功能吗？我愿意用这些数据换取这项服务吗？通过这样的审慎思考，可以有效避免过度授权。此外，大多数现代手机系统都支持“仅在使用时允许”的权限设置，这是一个非常实用的功能，建议用户善加利用。

（2）定期做“数据清洁”

建立定期的数据清理习惯至关重要。这包括及时清理不再使用的App，因为它们可能在后台持续收集数据；检查并关闭各类服务中不必要的账户关联与数据共享设置；定期清除浏览器Cookie和历史记录，减少数字足迹；以及在不同平台使用不同的高强度密码，避免因一处泄露导致全网风险。

类别	检查项	完成
App权限	关闭不必要的位置权限	□
	禁止后台刷新	□
	删除不用的App	□
账号安全	开启两步验证	□
	使用密码管理器	□
	定期更换重要账号密码	□
社交媒体	检查隐私设置	□
	限制可见范围	□
	关闭"附近的人"等功能	□
支付安全	限制免密支付额度	□
	关闭小额免密	□

图 4.3-5　隐私保护检查表

了解并行使我们的权利

在中国，《中华人民共和国个人信息保护法》赋予了公民一系列重要的个人信息权利。这包括知情权，即我们有权知道自己的数据被谁收集、用于何种目的；删除权，即在特定条件下，我们有权要求数据控制者删除我们的个人信息；拒绝权，即我们有权拒绝企业仅通过自动化决策（例如用户画像）的方式对我们做出重大决定。如果我们发现自己的隐私权受到侵犯，可以向网信部门投诉，或寻求法律途径维权。了解这些权利是有效保护自己的法律基础。如图4.3-5所示，为隐私保护检查表。

面向未来：我们能否找到平衡

隐私保护与AI发展之间的矛盾是我们这个时代最重要的挑战之一。一方面，AI需要海量数据才能变得更智能、更有用；另一方面，这些数据往往涉及个人隐私，不当使用会带来严重的隐私泄露、身份盗用，甚至社会歧视等后果。

好消息是技术界正在积极探索各种“两全之策”，试图在数据利用与隐私保护之间建立新的平衡，以下是几种具有代表性的技术路径（见图4.3-6）。

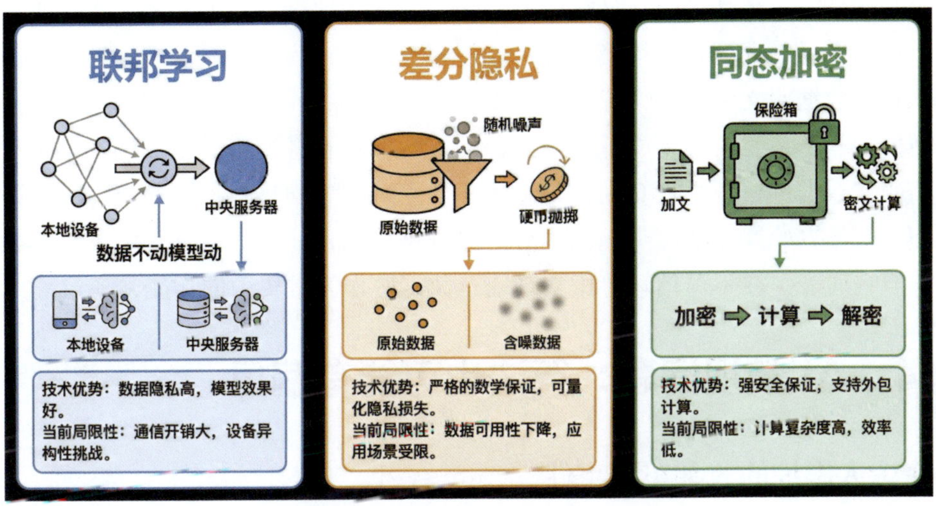

图 4.3-6　关于数据隐私的代表性技术路径

联邦学习

联邦学习（Federated Learning）是一种分布式机器学习范式，其核心理念是“数据不动，模型动”。与传统方法将所有用户数据集中上传至中央服务器进行训练不同，联邦学习将训练模型分发到各个用户的本地设备上，在设备本地利用用户数据进行训练，仅将模型更新（如梯度信息）而非原始数据上传至中央服务器进行聚合。通过这种方式，AI系统能够持续学习与优化，同时确保用户的原始数据始终保留在本地设备中，从源头降低了数据集中泄露的风险。

差分隐私

差分隐私（Differential Privacy）是一种基于严格数学定义的隐私保护框架，

旨在通过向数据或查询结果中添加可控的随机噪声，实现对个体隐私的保护。其核心思想是确保任何单个数据项是否存在于数据集中，对数据分析结果的统计分布影响微乎其微。一个通俗的比喻，在参与一项敏感调查时，系统会先让我们随机抛一枚硬币。若硬币正面朝上，我们如实回答；若反面朝上，我们则随机回答“是”或“否”。最终，研究者可以通过数学方法从包含噪声的聚合结果中推断出有效的统计趋势，但完全无法确定任何一个特定参与者的真实答案，因为其回答可能源于随机过程。这就在保证数据可用性的同时，严格保护了个人层面的隐私。

同态加密

同态加密（Homomorphic Encryption）是一种允许对加密数据进行直接运算的密码学技术，被视为隐私计算的基石之一。其“神奇”之处在于，数据所有者可以将加密后的数据发送给第三方（如云服务器），第三方能够在不解密，即完全不知道数据明文内容的情况下，对密文执行特定的计算操作（如检索、统计、模型推理等），并将加密的计算结果返回。数据所有者解密后，得到的结果与对原始明文数据进行相同计算的结果一致。整个过程如同将数据锁在保险箱中进行处理，服务方始终无法窥见箱内内容。尽管该技术目前在效率和功能上仍存在限制，但它代表了在不可信环境中实现安全数据协作的重要方向。

4.4 AI歧视问题：算法也可能有偏见

一个令人震惊的“翻车”事件

2018年，亚马逊公司被曝光了一个令人尴尬的秘密，他们花费四年心血打造的AI招聘系统，竟然存在性别歧视。

这套系统的任务很简单，从海量简历中筛选出最优秀的求职者。然而，工程师们惊讶地发现，系统会自动给包含“女性”相关词汇的简历打低分。比如，简历中出现“女子象棋俱乐部队长”这样的描述，分数就会被拉低；毕业于女子学院的候选人，也会被系统“另眼相看”。这台机器没有接受过任何“歧视女性”的指令，它只是在学习过去十年公司的招聘数据。而问题恰恰就出在这里，过去十年，这家科技巨头招聘的员工大多是男性。于是，AI“学会”了一个错误的结论，即男性候选人等于优秀候选人。最终，亚马逊不得不悄悄解散了这个项目组。

这个故事告诉我们一个重要的道理，AI不会凭空产生偏见，但它会像一面放大镜，将人类社会中已经存在的偏见放大得更加刺眼。

什么是AI偏见？

要理解AI偏见，我们先来做一个思想实验。假设我们是一位厨师学徒，师傅教我们做菜时总是放很多盐。我们天天看着师傅这样做，久而久之，我们也会觉得菜就应该咸一点。这不是我们故意的，而是我们学到的“经验”就是如此。

AI的学习过程与此类似。我们在前文中介绍过，机器学习的核心是“从数据中学习规律”。如果喂给AI的数据本身就带有偏见，那么AI学到的“规律”自然也会带有偏见。

【延展阅读】

AI 偏见（AI Bias）

指人工智能系统在做出决策或预测时，对某些群体表现出不公平的倾向，导致这些群体受到不合理的对待。这种偏见通常不是故意编程的结果，而是由训练数据、算法设计或人为因素无意中引入的。

如果AI是一个刚出生的婴儿，数据就是它所接触到的世界，算法是它理解世界的方式。如果我们用来教育这个婴儿的数据都是存在偏见的数据，而它理解世界的方式也是放任这些偏见不管，甚至将这些偏见视为合理，那么最终训练出来的AI也会自带偏见属性。

AI的偏见从何而来？

AI偏见的来源可以归纳为三个主要方面，我们称之为“偏见的三个入口”（见图4.4-1）。

图 4.4-1　AI 偏见的三个入口

入口一：训练数据本身就有偏见

这是最常见的偏见来源。2015年，谷歌公司的照片识别系统曾将两位非裔美国人错误地标记为“大猩猩”。这个令人震惊的错误，根源在于训练数据中深色皮肤人脸的样本太少。系统没有“学会”如何正确识别不同肤色的人脸。下表给出了常见的数据偏见问题（见表4.4-1）

表 4.4-1　数据偏见

偏见类型	具体表现	现实案例
样本不均衡	某类群体的数据量远少于其他群体	医学AI在白人患者身上表现优于其他族裔
历史偏见	数据反映了过去社会的不公平现象	贷款审批AI拒绝少数族裔的比例更高
标注偏见	人工标注数据时带入主观偏见	情感分析把方言标注为“不正规”

入口二：算法设计存在盲区

即使数据是“干净”的，算法设计者在选择特征、设定目标时，也可能无意中引入偏见。举个例子，假设我们设计一个预测“员工是否会离职”的系统，我们选择把“通勤距离”作为一个参考因素。这看起来很合理，住得远的人可能更容易离职。但问题是，在很多城市，房价决定了住在远郊的往往是低收入群体或少数族裔。于是，这个看似“中立”的因素，实际上成为一种隐性歧视。

这种现象被称为代理歧视（Proxy Discrimination），表面上没有使用敏感信息（如种族、性别等），但通过与敏感信息高度相关的其他因素，间接实现了歧视效果。

入口三：社会反馈形成恶性循环

AI系统投入使用后，它的决策会影响现实世界，而现实世界的变化又会成为新的训练数据，形成一个循环。

最典型的例子是“预测性警务”系统。这类AI会预测哪些地区犯罪率高，警察便会增派巡逻力量到这些地区。结果是，这些地区被逮捕的人数增加了，于是“犯罪数据”上升，AI更加确信这些地区是“高犯罪区”，形成一个自我强化的循环。

AI偏见有多严重?

让我们来看几个真实世界中AI偏见造成伤害的案例。

案例1：司法系统的“COMPAS”算法

美国有些法院使用一种名为用于替代性制裁的矫正罪犯管理剖析（Correctional Offender Management Profiling for Alternative Sanctions，简称 COMPAS）的 AI 系统来评估被告再次犯罪的风险。2016 年，调查记者发现，这套系统存在严重的种族偏见，即非裔美国人被错误预测为“高风险”的概率是白人的两倍，而白人被错误预测为“低风险”的概率是非裔美国人的两倍。

这意味着什么？同样是初犯的轻罪，一位黑人被告可能因为“高风险评估”被判入狱，而一位白人被告却可能获得缓刑。

案例2：医疗资源分配算法

2019年，《科学》杂志披露，美国一家大型医院使用的AI系统在分配医疗资源时存在种族偏见。该系统用医疗费来衡量健康需求，花费越多，被认为需求越大。

然而，由于社会经济因素，黑人患者平均医疗花费低于白人患者（不是因为他们更健康，而是因为他们更难获得医疗服务）。于是，同样病情的黑人患者被系统判定为“健康需求较低”，从而错失了获得额外医疗照护的机会。

案例3：招聘与贷款领域

除了开篇提到的亚马逊案例，研究人员还发现某些招聘网站的广告系统更倾向于向男性展示高薪职位广告；某些信用评估系统给女性的信用额度明显低于男性，即使她们的信用记录相同。

如何识别和应对AI偏见？

面对AI偏见，我们不必恐慌，但需要保持警惕。无论是普通用户还是技术从业者，都可以采取具体措施来识别和应对这一问题（见图4.4-2）。

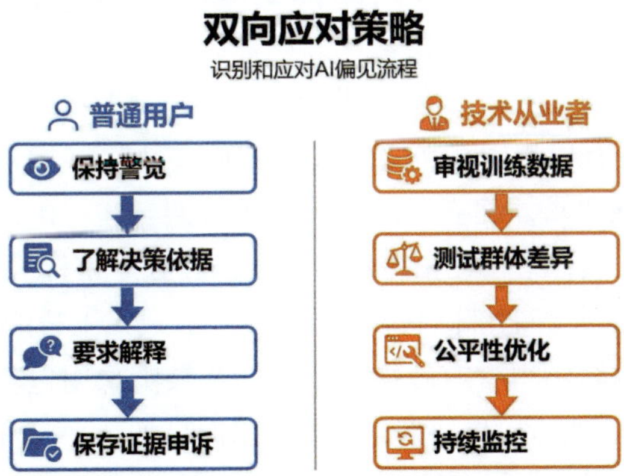

图 4.4-2　AI 偏见双向应对策略

对于普通用户而言，自我保护的关键在于保持警觉并主动行动。当AI系统做出对我们不利的决定时，比如贷款申请被拒或简历被筛选掉，不要默默接受，而应尝试了解背后的决策依据。同时，留意系统是否对特定群体表现出持续的不友好模式，这可能是存在偏见的信号。

随着全球范围内相关法规的完善，我们有权要求系统提供决策逻辑的解释。如果怀疑自己受到了AI歧视，务必保存好相关截图和记录，这些证据将成为我们申诉的重要依据。

对于技术从业者来说，责任则更加重大。从源头开始，必须审核训练数据是否足够多样化，是否公平地代表所有相关群体。在模型开发过程中，需要对不同群体分别测试其表现，检查是否存在显著差异。在设计目标函数时，应将公平性明确地作为一个优化目标，而不仅是追求准确率。模型上线后，公平性的工作并未结束，需要建立持续监控机制，定期检查决策是否出现偏差。同时，必须建立畅通的反馈渠道，让受影响的用户能够报告问题，形成良性的改进循环。

科技界正在做什么？

目前，AI偏见问题已经引起了全球学术界和工业界的高度重视，并在技术和制度两个层面展开了积极行动。

在技术层面，研究人员和科技公司已经开发出多种实用的“公平性算法”和“偏见检测工具”，使识别和修正偏见变得可操作。例如，IBM 推出的开源工具包 AI Fairness 360，集成了多种算法，可以帮助开发者检测并缓解机器学习模型中的偏见。谷歌的 What-If Tool 则提供了一个交互式界面，让开发者能够以可视化模型的方式直观地在不同人口统计群体的数据上的掌握其表现差异，从而更容易发现问题。微软的 Fairlearn 项目同样提供了评估公平性和减轻偏见的算法库，助力开发负责任的 AI 系统。

在制度与监管层面，各国政府和国际组织正在加快立法步伐，为 AI 的公平使用划定红线。欧盟具有里程碑意义的《人工智能法案》将“高风险 AI 系统”的公平性审查列为强制性要求，建立了严格的合规框架。在美国，多个城市，如纽约和旧金山，已通过立法，禁止在招聘环节使用未经独立审计的 AI 系统，以防止歧视。在中国，国家网信办等七部门联合发布的《生成式人工智能服务管理暂行办法》也明确规定，生成内容不得含有歧视性信息，并鼓励采用包容性设计。这些法规共同构成了全球 AI 治理的初步网络，推动技术向更加公平、可信的方向发展。

AI偏见问题告诉我们一个深刻的道理，技术不是中立的，它是人类社会的投影。当我们指责AI“有偏见”时，或许更应该反思的是这些偏见原本就存在于我们的社会中，只是被AI这面“放大镜”照了出来。

但换个角度看，这也是一个机会。正是因为AI系统的决策可以被量化、被审计、被改进，我们才有了一个前所未有的工具来发现和纠正偏见。试想，一个人类面试官的偏见很难被察觉和纠正，但一个AI系统的偏见可以被检测、被修复、被监督。从这个意义上说，设计得当的AI系统，反而可能比人类决策更加公平透明。关键在于，我们是否有意识地去设计、监督和改进AI系统。

【延展阅读】

《算法霸权》（Weapons of Math Destruction），凯西·奥尼尔（Cathy O'Neil）著

《技术与正义》（The Ethical Algorithm），迈克尔·科恩斯（Michael Kearns）、阿隆·罗斯（Aaron Roth）著

4.5 被 AI 抢走的工作和新诞生的职业

从纺织机到ChatGPT

1764年，英国兰开夏郡，纺织工人詹姆斯·哈格里夫斯不小心踢翻了妻子的纺车。他盯着那架还在转动的纺轮，突然灵光一闪：如果能让多个纺锤同时工作，效率岂不是能成倍提升？于是，“珍妮纺纱机”诞生了。这台机器能让一个工人完成过去八个人的工作，效率的飞跃带来了纺织业的革命，也引发了历史上第一次大规模的对“机器抢走工作”的恐惧，工人们砸毁了机器，这就是著名的“卢德运动”。

两百五十年后的今天，当ChatGPT能写出流畅的文章，Midjourney能生成精美的画作，自动驾驶汽车开始上路测试，类似的焦虑再次席卷全球。这次，AI会抢走我的工作吗？

正在被AI改变的职业版图

（1）高风险区：重复性高、规则明确的工作

让我们先来看看哪些工作最容易受到AI的冲击。研究表明，一份工作被AI取代的风险主要取决于三个因素：

- 任务的重复性。 如果一项工作80%的时间都在做类似的事情，AI学习起来就很容易。比如银行柜员的日常，验证身份、办理转账、打印凭证，这些流程高度标准化，ATM机和手机银行APP已经替代了大量柜台业务。
- 规则的明确性。 如果工作可以被清晰地描述为“如果……那么……”的逻辑链，AI就能很好地执行。例如，电话客服中80%的问题都是常见问题，AI完全可以胜任。
- 创意和情感的参与度。 这是AI目前最弱的环节。纯粹依靠逻辑和数据处理的工作容易被取代，而需要同理心、创造力和复杂的人际互动的工作则相对安全。

基于这三个维度，我们可以绘制出一张职业风险地图（见图4.5-1）。

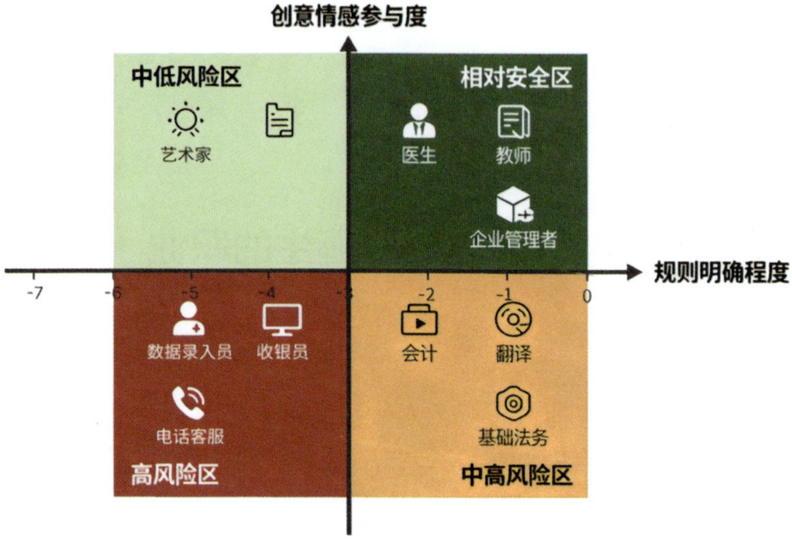

图 4.5-1　职业风险地图

从这张图中我们可以看到，落在左下方红色区域的职业面临最大压力，风险压力较大的原因，如表4.5-1所示。

表 4.5-1　职业压力分析

职业类别	被AI影响的原因	变化趋势
数据录入员	重复性极高，OCR和自动化处理已成熟	大幅减少
初级翻译	机器翻译质量大幅提升	向审校和本地化转型
基础财务会计	记账、对账可自动化	向财务分析师转型
电话营销	AI语音机器人成本更低	持续萎缩
初级法务助理	合同审核、案例检索已自动化	需要升级技能

（2）中间地带：人机协作的新常态

“被取代”和“完全消失”是两回事。更准确的说法是，大多数职业不会消失，但职业的内涵会发生深刻变化。

以放射科医生为例。AI阅片的准确率在某些病种上已经接近甚至超过人类，这是否意味着放射科医生会失业？事实恰恰相反。AI承担了大量初筛工作后，放射科医生可以把精力集中在疑难病例的诊断、与临床医生的沟通，以及患者的心理疏导上。他们的角色从“看片子的人”转变为“整合信息、做出医疗决策的专家”。

因此，这种变化的核心逻辑是把AI擅长的事情交给AI，把人类擅长的事情留给人类。记者这个职业就是很好的例证，AI可以在几秒钟内生成一篇规范的财经快讯或体育赛事报道，但深度调查、人物访谈、观点评论，这些需要人类判断力和创造力的内容，AI还远远无法胜任。未来的记者不是不需要写稿，而是需要把时间花在更有价值的采访和分析上。

正在诞生的新职业

每一次技术革命在淘汰旧职业的同时，都会创造出前人无法想象的新职业。回顾历史，1900年的人们无法预见“程序员”这个职业，1990年的人们也想不到“社交媒体运营”会成为热门岗位，AI时代同样如此（见图4.5-2）。

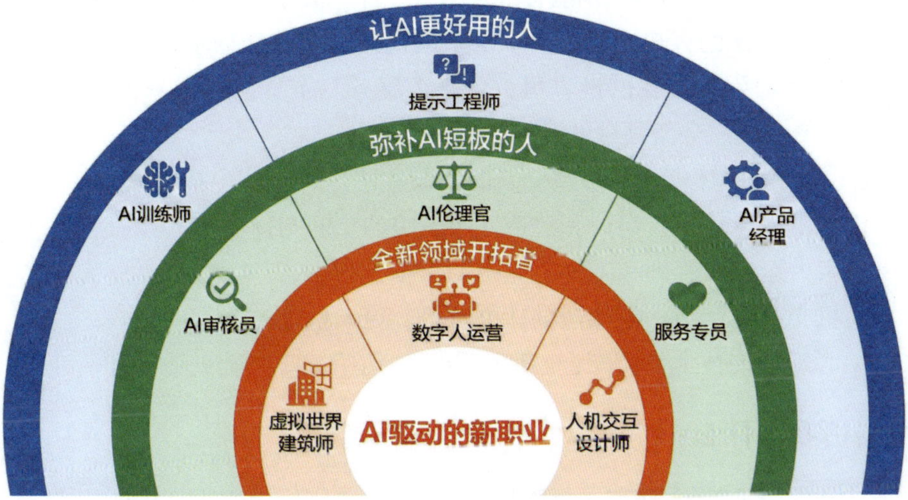

图 4.5-2　AI 驱动的新职业

什么样的人是能在AI时代更游刃有余的人呢？

（1）第一类：让AI更好用的人

- AI训练师：如果说AI是一个天赋异禀但缺乏经验的新员工，那么AI训练师就是它的导师。这个职业的核心工作是优化AI的表现，包括标注训练数据、设计测试用例、调整模型参数、评估输出质量等工作。大型科技公司和AI创业公司对这类人才的需求正在爆发式增长。
- 提示词工程师：这是一个几年前根本不存在的职业。提示词工程师的工作是研究如何与AI对话，用精确的指令引导AI生成高质量的结果。一个优秀的提示词可能让AI的输出质量提升数倍，这背后是语言学、心理学和技术的交叉应用。
- AI产品经理：传统产品经理负责设计人与软件的交互方式，AI产品经理则需要思考人与AI的协作模式。他们需要理解AI的能力边界，设计合理的人机分工，并确保产品符合伦理规范。

（2）第二类：弥补AI短板的人

- AI审核员与事实核查员：AI会“一本正经地胡说八道”（即“幻觉”问题），因此需要有人把关。这类岗位在新闻媒体、法律、医疗等对准确性要求极高的领域尤为重要。
- AI伦理官：随着AI在社会中的应用越来越广泛，企业需要有人专门思考我们的AI系统是否公平？是否侵犯隐私？是否可能造成伤害？以确保技术发展不偏离正轨。
- 服务专员：当AI处理了所有标准化的事务后，总有一些情况需要真人介入，安慰一位焦虑的客户、处理一个复杂的投诉、为特殊需求提供定制方案等。在一个AI无处不在的世界里，“真人服务”本身会变成一种溢价能力。

（3）第三类：全新领域的开拓者

AI技术的发展还催生了一些全新的产业和岗位，可能包括以下新兴职业。

- 虚拟世界建筑师：设计和建造元宇宙中的空间与体验；
- 数字人运营：管理和维护企业的AI虚拟代言人；
- 人机交互设计师：专注于设计更自然、更人性化的AI交互方式；
- AI心理咨询技术员：配合心理咨询师，使用AI工具辅助诊断和治疗。

历史告诉我们什么

面对AI带来的职业变革，恐慌是人之常情，但历史可以给我们一些信心，让我们以后来人的视角看几个历史上曾发生过的场景（见图4.5-3）。

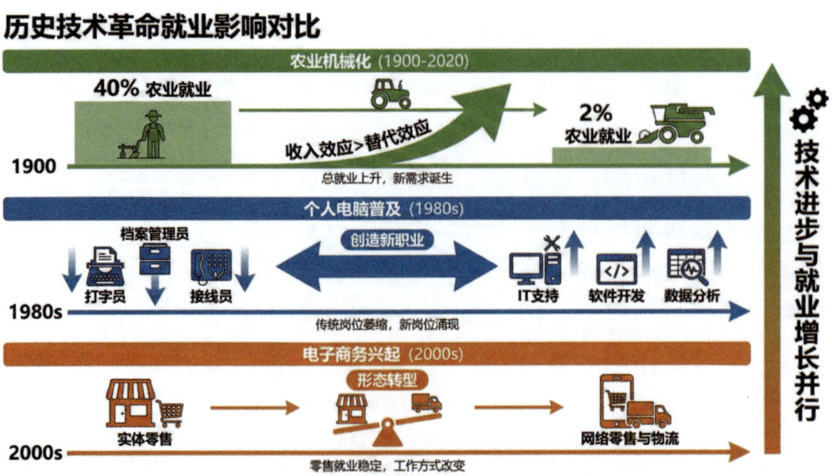

图 4.5-3　职业变革

1900年，美国约40%的劳动力从事农业工作。随着农业机械化的发展，这个比例在2020年下降到了不足2%。然而，总体就业人口不仅没有下降，反而大幅增长。那些离开农田的人去了哪里？他们进入了工厂、办公室、服务业，这些在1900年规模很小或根本不存在的领域。

20世纪80年代，个人电脑开始普及时，人们担心打字员、档案管理员、计算员等职业会消失。确实，这些传统岗位萎缩了，但计算机同时创造了程序员、系统管理员、网页设计师、数据分析师等一系列新职业。

2000年，电子商务兴起时，人们预言实体店将全面消亡。二十年过去了，零售业的总就业人数并没有断崖式下降，只是工作内容和形态发生了变化，供应链管理、电商运营、直播带货、同城配送，这些新岗位吸纳了大量劳动力。

经济学家把这种现象归结为两种效应的共同作用：一种是替代效应，也就是新技术会直接取代某些工作岗位，这是我们最直观感受到的“威胁”；另一种则是收入效应，新技术提高了社会的生产效率，降低了商品和服务的价格，使人们的可支配收入增加，从而创造出了新的需求和新的就业机会。

在过去的技术革命中，收入效应最终总是超过了替代效应，这就是为什么长期来看，技术进步与就业增长可以并行不悖。但历史也给我们提了一个醒，转型期的阵痛是真实存在的。当年失去工作的马车夫不会自动变成汽车司机，其间需要学习新技能、适应新环境。AI时代的挑战在于，这个转型过程可能比以往任何时候都要快。

如何让自己不被取代

看到这里，我们可能最想知道的是我该怎么办？别担心，办法总是有的（见图4.5-4）。

图 4.5-4　培养人类独特的能力

（1）培养AI难以复制的能力

什么是AI难以复制的？至少在可预见的未来，解决问题的能力、创造性思维、同理心和跨领域能力仍然是人类的核心竞争力。当一个问题没有标准答案，需要综合考虑多种因素并做出权衡时，人类的判断力仍然不可或缺；其次，要保持真正的原创性思考，而非只是对现有模式的重组；此外，学会理解他人的情感需求并做出恰当回应等需要以真实的生活体验为基础的能力也是AI短期内无法具备的；最后，将不同领域的知识创造性地结合以解决前所未有的难题也将是我们在AI时代的核心竞争力。

（2）学会与AI协作

未来最有竞争力的人才，不是那些与AI竞争的人，而是那些善于利用AI放大自己能力的人。

在计算器发明之前，心算能力强的会计师很吃香；计算器普及之后，那些会使用计算器的会计师淘汰了仍在用算盘的同行，而不是被计算器本身淘汰。AI时代也是如此，掌握AI工具的设计师，产出效率可能是不用AI的同行的5到10倍。

（3）保持终身学习的心态

当变化成为常态，持续学习就不再是可选项，而是必选项。好消息是AI本身也是一个强大的学习工具，它可以成为我们的私人导师，帮助我们更高效地掌握新知识和新技能。

（4）关注软技能的提升

在一个技术高度发达的时代，那些“软性”的人类特质反而变得更加珍贵：沟通能力、领导力、适应力、好奇心、同理心等。这些能力让我们成为独特的个体，也是任何AI都无法真正替代的。

AI对就业市场的影响是一把双刃剑。一方面，重复性高、规则明确的工作确实面临被替代的风险；另一方面，新的职业正在诞生，人机协作成为新常态。历史告诉我们，技术进步从长期来看会创造更多机会，但转型期的阵痛需要我们积极应对。最关键的是，与其担忧被AI取代，不如思考如何与AI协作。在这个快速变化的时代，保持学习的热情，发展独特的人类能力，才是立于不败之地的根本。

【延展阅读】

《第二次机器革命》，埃里克·布林约尔松、安德鲁·麦卡菲

《未来简史》中关于人工智能与就业的相关章节，尤瓦尔·赫拉利

4.6　AI 武器是否会泛滥？

从科幻走入现实的致命机器

2020年11月，利比亚战场上发生了一件引起全球安全专家高度关注的事件。根据联合国的一份报告，一架土耳其制造的无人机在没有接收到人类操作员指令的情况下，自主追踪并攻击了撤退中的武装人员。这可能是人类历史上第一次有记录的“自主致命武器”实战案例。

这个消息让许多人感到不安。我们在电影里看过无数次机器人战士的场景，《终结者》里的天网、《机械公敌》里失控的机器人军团。但当类似的技术真正出现在现实战场上时，我们才意识到，这不再是遥远的科幻想象，而是正在发生的事实。所以AI武器究竟发展到了什么程度？它们会像核武器一样扩散吗？人类还能控制这些致命的智能机器吗？

什么是AI武器

广义上讲，任何使用人工智能技术的武器系统都可以称为AI武器。但在安全领域的讨论中，人们通常将关注点聚焦于一类特殊的武器，即致命性自主武器系统（Lethal Autonomous Weapons Systems，简称LAWS）。这类武器的核心特征是能够在没有人类干预的情况下，自主选择并攻击目标（见图4.6-1）。

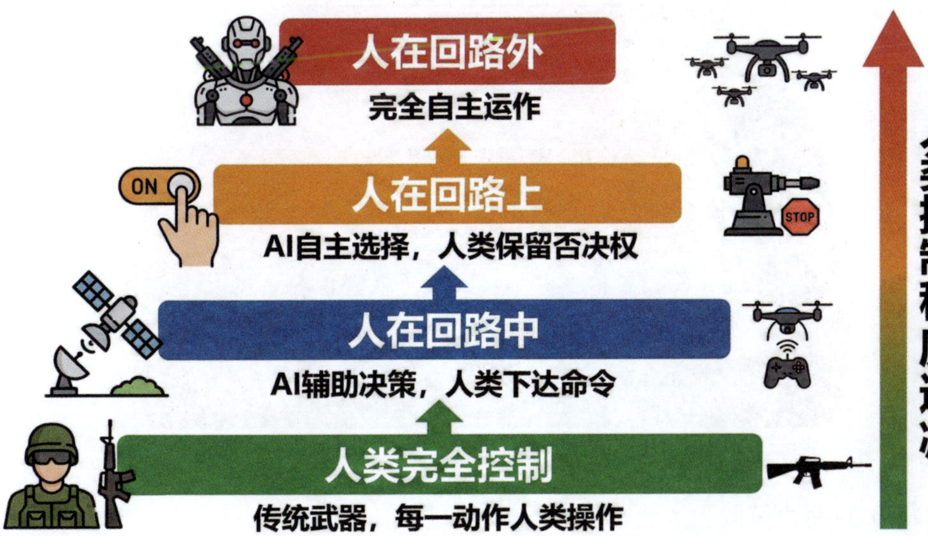

图 4.6-1　AI 武器的四种层次

根据AI在武器中的不同应用层次，我们可以把AI武器分成四类：

- 人类完全控制：传统武器，每一个动作都由人类直接操作。例如，士兵扣动扳机，子弹发射。
- 人在回路中（Human-in-the-loop）：AI辅助人类做出决策，但最终的开火命令必须由人类下达。目前大多数军用无人机属于这一类别，操作员通过卫星链路远程控制，AI负责稳定飞行和辅助瞄准。
- 人在回路上（Human-on-the-loop）：AI可以自主选择目标并准备攻击，但人类保留否决权。以色列的“铁穹”防空系统就是典型案例，当敌方火箭弹来袭时，系统会自动计算拦截方案并发射导弹，因为留给人类反应的时间只有几秒钟，但操作员可以随时关闭系统。
- 人在回路外（Human-out-of-the-loop）：AI完全自主运作，从发现目标到实施攻击都不需要人类参与，这正是国际社会最担忧的AI武器类型。

AI武器为什么令人担忧

从古至今，武器技术一直在进步，从弓箭到火枪，再到导弹，但为什么AI武器却格外令人担忧呢？原因在于AI武器带来的不仅是杀伤力的提升，更是战争本质的改变（见图4.6-2）。

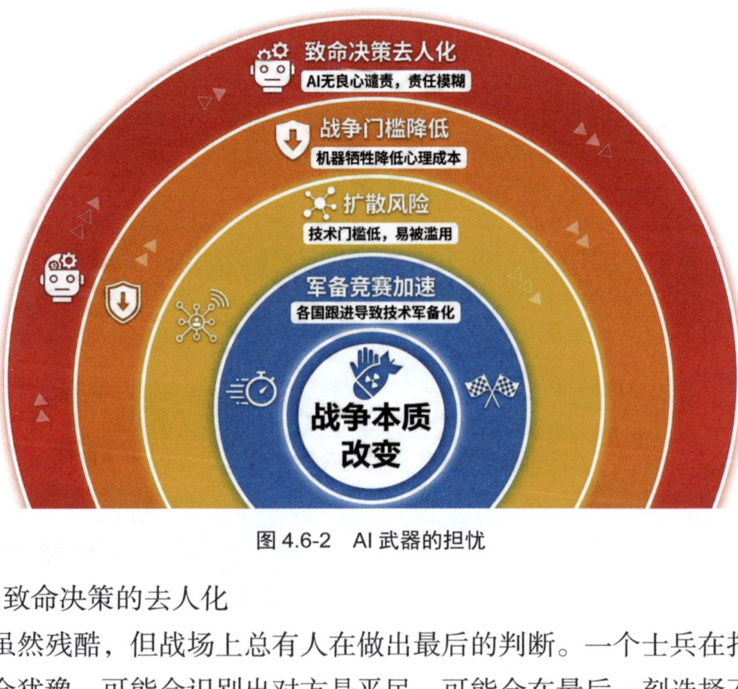

图 4.6-2　AI 武器的担忧

（1）致命决策的去人化

战争虽然残酷，但战场上总有人在做出最后的判断。一个士兵在扣动扳机之前，可能会犹豫，可能会识别出对方是平民，可能会在最后一刻选择不开枪。这种人类的判断力和道德感，是战争法能够运作的基础。

但如果把生杀大权交给算法，情况就完全不同了。AI没有良心的谴责，没有对生命的敬畏，它只是在执行代码。当算法判定某个目标符合攻击条件时，它不会犹豫，也不会质疑命令的合理性。

更棘手的问题是，当AI犯错时，谁来负责？ 如果一架自主无人机误杀了平民，我们应该追究谁的责任？程序员、指挥官还是武器制造商，还是那个根本不存在的“开火者”？法律和伦理框架目前还无法回答这些问题。

（2）战争门槛的降低

派遣士兵上战场是一个重大决定，因为这意味着可能会有人牺牲。这种代价迫使决策者谨慎行事。但如果战争变成了机器之间的较量，政治领导人发动战争的心理门槛可能会大大降低。

“反正死的只是机器，不是我们的士兵。”这种思维方式听起来很合理，但它可能导致武力被更加轻率地使用。历史告诉我们，战争一旦开始，往往会以出乎意料的方式升级。

（3）扩散的风险

核武器之所以没有在全球泛滥，很大程度上是因为制造核弹需要稀缺的原材料、复杂的工业基础和尖端的技术能力，只有少数国家能够掌握。

AI武器则完全不同。制造一架具有基本自主能力的致命无人机，所需的技术和材料正变得越来越容易获取（见表4.6-1）。

表 4.6-1　AI 武器

组　　件	获取难度	现　　状
无人机平台	低	商用无人机售价低至数百元
目标识别AI	中	开源算法和预训练模型广泛可用
导航系统	低	GPS和视觉导航技术成熟
爆炸装置	中	非法获取渠道存在

这意味着，未来的AI武器可能不仅掌握在国家军队手中，还可能被恐怖组织、犯罪集团甚至个人获取。想象一下，如果任何人都能购买或自制一架可以自主追踪目标的攻击无人机，世界会变成什么样？

（4）军备竞赛的加速

当一个国家开始发展AI武器时，其他国家会感到压力，认为自己也必须跟上。这种逻辑与冷战时期的核军备竞赛如出一辙，只不过AI领域的竞争速度可能快得多。

目前，美国、中国、俄罗斯、以色列等国家都在积极发展军用AI技术。从自主无人机到智能指挥系统，从网络攻击AI到后勤优化算法，军事AI的应用领域正在快速扩展。这场竞赛一旦失控，可能导致大量资源被投入到越来越致命的武器开发中。

国际社会的应对努力

面对AI武器带来的挑战，国际社会并非无所作为。自2014年以来，联合国《特定常规武器公约》框架下的政府专家组一直在讨论如何规制致命性自主武器系统。讨论主要围绕几个核心议题展开：

- 是否需要全面禁止？一些国家和非政府组织主张彻底禁止完全自主的致命武器，就像国际社会禁止生化武器和致盲激光武器一样。支持者认为，让机器决定人的生死在根本上违背人道主义原则。
- 如何保持“有意义的人类控制”？ 即使不全面禁止，大多数国家都同意应当确保人类对致命决策保持某种程度的控制。但“有意义的控制”究竟意味着什么？是每次攻击都需要人类批准，还是只需要人类设定任务参数？这些细节尚未达成共识。
- 如何防止扩散？ 即使主要国家达成协议，如何防止技术流向非国家行为体也是一个难题。与核材料不同，AI算法可以通过互联网瞬间传播到世界任何角落。

国际社会尚未就AI武器达成具有法律约束力的协议。一些国家担心限制会损害自己的军事优势，另一些国家则认为现有的国际人道法已经足够，谈判仍在艰难地进行。

技术界的呼声

最了解AI技术的人群，科学家和工程师们往往也是对AI武器最担忧的群体（见图4.6-3）。

2015年，包括斯蒂芬·霍金、埃隆·马斯克和数千名AI研究者在内的科学家和企业家签署了一封公开信，呼吁禁止自主武器的军备竞赛。信中写道：“如果任何主要军事力量推进AI武器开发，全球军备竞赛几乎不可避免……自主武器将成为明天的卡拉什尼科夫突击步枪。”

2018年，数千名谷歌员工签署请愿书，抗议公司与美国国防部的AI合作项目“Maven”，最终迫使谷歌退出了该项目。这表明，在AI武器问题上，技术界内部存在强烈的道德反思。

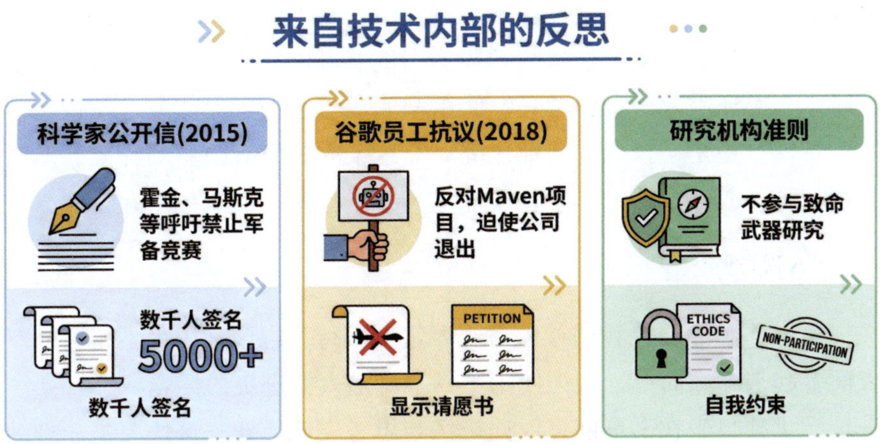

图 4.6-3　技术界的呼声

许多AI研究机构也开始制定自己的伦理准则，明确表示不参与可能用于自主致命武器的研究。这种来自技术界的自我约束，虽然不能完全阻止AI武器的发展，但至少减缓了其发展速度，并为公共讨论争取了时间。

AI武器，特别是致命性自主武器系统，代表了军事技术发展的一个危险方向。它们可能降低战争门槛、模糊责任归属、引发新的军备竞赛，并且由于技术门槛相对较低，存在严重的扩散风险。

国际社会正在努力建立规制框架，但进展缓慢。与此同时，技术界内部也出现了强烈的反思和自我约束的声音。

AI武器的未来走向，最终取决于人类的集体选择。技术本身没有善恶，但人类如何使用技术，将决定它是造福还是毁灭我们的文明。这是一个我们这一代人必须面对的严肃课题。

4.7　AI 作弊：学生、程序员在“偷懒”？

一场正在改写规则的风潮

当下有些年轻的学术研究者依赖AI撰写论文，这些论文看似行文流畅、逻辑清晰、论证完整，乍看之下无可挑剔，但缺少了某些东西，那就是人在苦思冥想之后留下的思维痕迹。

除了高校学生以外，程序员群体也开始依赖AI编写程序。AI编写的代码或许异常“完美”，不仅实现了所有功能需求，连注释都工整得像是教科书示例，但程序员本人却无法解释某些关键逻辑。

这两个场景正在全球的学校、办公室、实验室里反复上演。AI工具的普及，带来了一个我们从未系统思考过的问题，当机器可以替代人类完成越来越多的脑力劳动时，人类还需要亲自思考吗？使用AI完成学业或工作任务，究竟是“聪明地利用工具”，还是“投机取巧地作弊”？这个问题没有简单的答案，但它关乎每一个正在学习或工作的人。

什么算“AI作弊”？

在讨论AI作弊之前，我们首先需要界定什么行为应该被视为不正当的。这并不像表面看起来那么简单，因为使用工具本身是人类进步的标志。

一位学生独自坐在书桌前，仅凭记忆与思考完成作业，这代表了一种纯粹依靠个人心智的原始状态。接下来，他打开教科书或学术数据库，查阅前人的研究成果来丰富自己的理解，这已是现代教育中公认的正当学习行为。更进一步，他使用计算器处理复杂运算，或借助拼写检查工具修正语法错误，这些技术辅助手段早已融入我们的日常学习与工作流程。

随着技术的发展进步，我们开始使用搜索引擎来快速获取信息，这进一步扩展了工具所能提供的支持。现如今，人工智能将这种辅助推向了一个新的层面，它可以为我们润色文字、梳理逻辑、解释难点，甚至提供完整的创作思路。此时，工具的角色从“信息检索”转向了“内容生成”。于是，我们面临一系列渐进的、边界模糊的行为选择：是仅让AI提供建议以后独立完成创作？还是请AI生成初稿，然后再由自己深入修改和完善？抑或将AI产出的内容直接作为最终成果提交，而自身仅扮演复制与粘贴的角色？

这些选择之间并非黑白分明，而是构成了一个连续的、渐变的灰色地带。正是这种连续性，使得“何为作弊”这一问题变得复杂且充满争议。

为什么这个问题会如此重要？

有人可能会说：“只要结果是好的，过程重要吗？如果AI能帮我写出更好的论文、更优秀的代码，为什么不用呢？”这种想法看似有一定道理，但忽略了几个至关重要的问题（见图4.7-1）。

学习过程的价值

教育的目的从来不是只产出一份作业或者一张成绩单。真正的学习发生在我们苦苦思索一个问题、尝试各种方法、经历失败又重新站起来的过程中。神经科学研究告诉我们，正是这种主动的认知努力在大脑中建立了持久的神经连接，形成了真正属于我们的知识和能力。

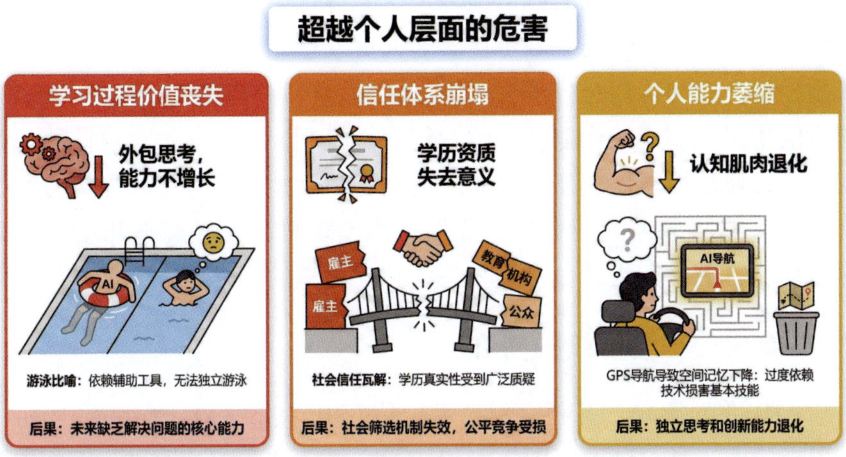

图 4.7-1　AI 作弊带来的危害

当我们把这个过程外包给AI时，我们得到的只是一个产品，而非能力。这就像有人想要学习游泳，却让机器人代替自己下水，他可能拿到了一张“游泳证书”，但真到了需要游泳的时候，他只能站在岸边干着急。

一位教育学家曾打过这样一个比方：“让AI写我们的论文，就像让别人替我们去健身房锻炼。是的，有人完成了锻炼动作，但我们的肌肉一点都没有增长。”

信任体系的崩塌

现代社会运转的一个基础假设是我们的学历、资质、工作经验，大致能够反映我们的真实能力。大学文凭意味着我们掌握了某个领域的基础知识，编程岗位意味着我们能够独立解决技术问题，医生执照意味着我们有能力诊断和治疗疾病。

如果AI作弊变得普遍，这个信任体系就会开始瓦解。雇主不再相信应聘者的学历，导师不再相信学生的作业，同事不再相信彼此的工作成果。为了弥补这种信任缺失，社会可能不得不投入大量资源进行额外的验证和审查，这将产生巨大的效率损失。

更糟糕的是，当投机取巧者获得与勤奋努力者同样的回报时，后者也会失去诚实行事的动力，形成恶性循环。

个人能力的萎缩

或许最令人担忧的是，过度依赖AI可能导致人类自身能力的退化。这并非杞人忧天，类似的现象已经在其他技术领域发生过。

研究表明，GPS导航设备的广泛使用与人们空间记忆能力的下降存在关联。

伦敦出租车司机曾以其惊人的城市地理记忆著称，研究人员甚至发现他们的海马体（大脑中负责空间记忆的区域）比普通人更发达。然而，随着越来越多的司机开始依赖导航，这种认知优势正在消失。

同样的逻辑适用于写作能力、编程能力、批判性思维能力。这些能力就像肌肉，需要经常使用才能保持强健。如果我们习惯性地将思考任务外包给AI，这些“认知肌肉”终将萎缩。到那时，我们可能发现自己已经离不开AI，不是因为AI有多么优秀，而是因为我们已经丧失了独立工作的能力。

检测与反检测：一场持续的博弈

面对AI作弊的挑战，各种检测技术应运而生。OpenAI、Turnitin等机构或公司开发了专门的工具，试图识别由AI生成的文本。这些工具通过分析文本的统计特征，如词汇选择的多样性、句式结构的变化、语义的连贯性等，来判断内容是否可能由机器生成（见图 4.7-2）。

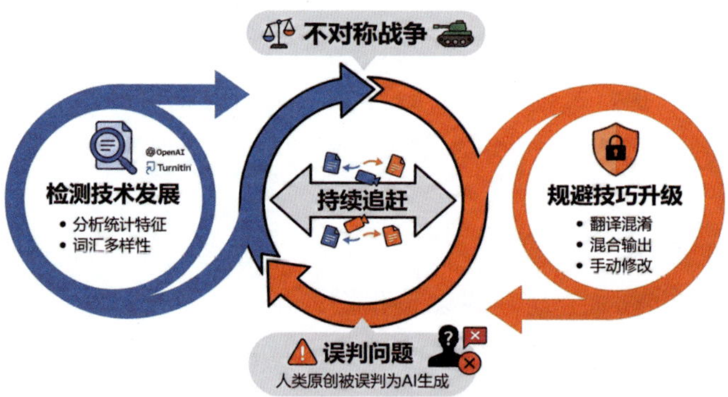

图 4.7-2　检测与反检测的持续博弈

然而，检测技术面临着根本性的困难。随着AI模型的不断进步，生成的文本越来越接近人类写作的风格和特点。同时，一些用户开始使用各种技巧来规避检测，例如将AI输出翻译成另一种语言再翻译回来、混合多个AI的输出、手动修改关键词句、使用专门的“反检测”工具等。这是一场不对称的战争，检测方总是处于追赶的位置。

更棘手的是误判问题。研究表明，现有的AI检测工具存在相当比例的误报，即把人类原创的内容错误地标记为AI生成。这对那些无辜的学生和作者是极大的不公。想象一下，一位学生辛辛苦苦写完论文，却因为检测工具的错误而被指控抄袭，这种情况确实已经发生，并引发了诉讼和争议。

因此，单纯依靠技术手段来解决AI作弊问题，可能是一条走不通的路。我们需要更加系统地思考。

我们应该如何重新定义规则？

面对这场由AI引发的变革，教育界和职场都在积极探索新的应对策略。这些策略大致可以分为三类（见图4.7-3）。

图 4.7-3 应对 AI 作弊的三种策略

第一种是面对“AI作弊”问题最直接的反应，禁止使用AI。一些学校和机构选择全面禁止在特定任务中使用AI工具。例如，某些考试明确要求学生在监控环境下手写完成，确保无法借助任何电子设备。这种方法在某些场景下是必要的，我们确实需要验证学生是否真正掌握了基础知识和技能，而这种验证需要在排除外部帮助的条件下进行。但全面禁止在日常学习和工作中使用，既不现实也不明智，因为它忽视了AI作为学习和生产力工具的正当价值。

第二类策略则为实现AI协作提供了另一种思路，即整合。越来越多的教育者开始思考，与其把AI视为敌人，不如教会学生正确使用AI的方法。一些前沿的课程设计明确将AI工具纳入教学环节，要求学生学习如何向AI提出好问题、如何评估AI输出的质量、如何在AI辅助下进行更高层次的思考。这种方法承认了一个现实，学生毕业后进入的职场，必然是人与AI协作的环境，因此学会与AI有效配合本身就是一项重要技能。

第三种设计更根本的变革是重设策略。一些教育者开始重新思考评估方式本身。如果传统的论文作业可以被AI轻松完成，那么也许我们应该设计AI难以替代的评估形式，比如面对面的口头答辩、实时的问题解决任务、需要动手操作的项目、基于小组协作的复杂挑战等。这些形式更能反映真实世界中工作的样貌，同时也更难以通过AI“作弊”。

每一种策略都有其适用的场景和局限。未来可能是这三种策略的某种组合，在需要验证基础能力的场合采用禁止策略，在日常学习和工作中采用整合策略，同时逐步向更能反映真实能力的评估方式过渡。

AI工具的普及正在模糊“独立完成”与“借助工具”之间的传统界限。所谓“AI作弊”的核心问题，不在于是否使用了AI，而在于是否诚实地呈现了自己的真实能力，以及是否在过程中保持了真正的学习和成长。

过度依赖AI可能导致个人能力的退化和社会信任体系的瓦解。技术检测手段虽然存在，但并非万能的解决方案。教育和职场正在探索禁止、整合和重构三种应对策略的组合。

作为个体，保持诚实透明，区分学习与产出，培养不可替代的能力，理解工具的局限，是在这个新时代安身立命的基本原则。

4.8 AI 监管难在哪里？谁来管它？

一个棘手的全球难题

2023年3月，一封公开信在科技界引发轩然大波。包括埃隆·马斯克、史蒂夫·沃兹尼亚克在内的上千名科技领袖和AI研究者联名呼吁，要求暂停训练比GPT-4更强大的AI系统至少六个月，以便人类有时间制定安全标准和监管框架。这封信的核心担忧简单而直接，AI发展太快了，我们的治理能力完全跟不上。

几乎在同一时期，欧盟正在紧锣密鼓地推进其《人工智能法案》的立法进程。美国国会举行了多场关于AI监管的听证会，就连ChatGPT的创始人萨姆·奥特曼也亲自出席，呼吁政府对AI行业进行监管。中国则陆续发布了针对生成式AI、算法推荐、深度合成等领域的管理规定。一时间，“AI监管”成为全球政策议程上最热门的话题之一。然而，在众声喧哗的背后，一个根本性的问题始终悬而未决。AI监管究竟难在哪里？当我们说要“监管AI”时，我们到底在说什么？由谁来执行这种监管？又该如何在促进创新与防范风险之间找到平衡？

这些问题没有简单的答案，但理解它们的复杂性是每一位关心AI未来发展的公民所必需的素养。

AI监管为何如此困难？

要深刻理解AI监管的难度，我们就需要首先认识到这项任务与传统监管任务之间存在的根本差异（见图4.8-1）。

图 4.8-1　AI 监管的困难性

（1）技术本身的特殊性

传统的监管对象，无论是药品、汽车还是金融产品，通常具有明确的物理形态或清晰的功能边界。一款新药在上市前需要经过严格的临床试验，监管机构可以评估其成分、疗效和副作用。一辆汽车需要满足特定的安全标准，监管者可以检测其刹车性能、碰撞安全性和排放水平。但AI系统是一种截然不同的存在。首先，许多先进的AI模型本身就是“黑箱”，即使是它们的创造者也无法完全解释其内部的决策逻辑。这就好比要求监管者评估一种药物的安全性，但没有人能够说清楚这种药物究竟如何在人体内发挥作用。其次，同一个AI模型可以被应用于无数不同的场景，从写诗到编程，从医疗诊断到武器控制。一个通用的大语言模型可能在某些应用中完全无害，在另一些应用中却可能造成严重损害。这种“通用性”使得针对特定应用场景的传统监管方式难以适用。

更棘手的是，AI系统的能力边界往往是模糊和动态的。一个模型今天做不到的事情，可能在微调或升级后就能够实现。监管者很难对一个持续演化的对象进行有效监管。

（2）发展速度与监管滞后

技术发展的速度与政策制定的节奏之间存在着巨大的鸿沟。一项重大的AI技术突破可能在几个月甚至几周内发生，而一部监管法规从起草到通过往往需要数年时间。当法规终于落地时，它所针对的技术状态可能早已面目全非。

以欧盟《人工智能法案》为例，这部法律的起草工作始于2021年初，当时ChatGPT尚未问世，生成式AI还不是公众话题。该法案最初的设计主要针对人脸识别、信用评分等“高风险”应用场景。然而，生成式AI的爆发式发展迫使立法者在立法进程中匆忙添加相关条款，整个立法过程变得既漫长又充满争议。

这种“追赶式”监管的困境几乎是结构性的。任何试图对AI进行详尽规定的法规，都面临着在落地前就已过时的风险。

（3）利益博弈与认知分歧

AI监管不仅是技术问题，更是深刻的政治经济问题。围绕监管的力度、范围和方式，不同的利益相关方有着截然不同的诉求。

科技公司担心过度监管会扼杀创新、增加合规成本，并使自己在与外国竞争对手的角力中处于劣势。他们倾向于行业自律和原则性的软约束，反对具体而严格的硬性规定。

公民社会组织和部分学者则担心监管不足会导致AI被滥用，加剧不平等、侵蚀隐私、威胁民主。他们呼吁更强有力的政府干预和更严格的问责机制。

各国政府正在促进本国AI产业发展与防范社会风险之间寻求平衡。对于一些国家而言，成为AI领域的全球领导者是重要的战略目标，过于严苛的监管可能会将企业和人才推向监管更为宽松的地区。

即使在监管支持者内部，对于“应该监管什么”和“如何监管”也存在巨大的分歧。有人主张对AI系统的开发过程进行监管，确保训练数据的合规性和模型测试的充分性；有人主张对AI系统的部署进行监管，重点关注高风险应用场景；还有人主张对AI造成的后果进行监管，当损害发生时追究责任。这些路径各有优劣，也各有拥护者。

目前有哪些监管尝试?

尽管困难重重，全球各地仍在积极探索AI监管的可能路径。让我们简要了解当前几种主要的模式（见图4.8-2）。

（1）欧盟模式：系统性立法

欧盟在AI监管领域走在全球前列。其《人工智能法案》是世界上第一部全面规范AI的法律框架，于2024年正式通过。这部法案采用了“基于风险”的分级监管思路，即根据AI应用可能造成的风险程度，将其分为不同等级，分别适用不同强度的监管要求。

处于“不可接受风险”层级的AI应用将被完全禁止。例如，政府实施的社会评分系统、利用潜意识技术操纵行为的系统等。“高风险”应用，如医疗诊断、信用评估、招聘筛选等需要满足严格的透明度、准确性和人类监督要求。“有限风险”应用，如聊天机器人需要向用户披露其AI身份。而“最小风险”应用，如AI驱动的游戏或垃圾邮件过滤器，则基本不受额外限制。

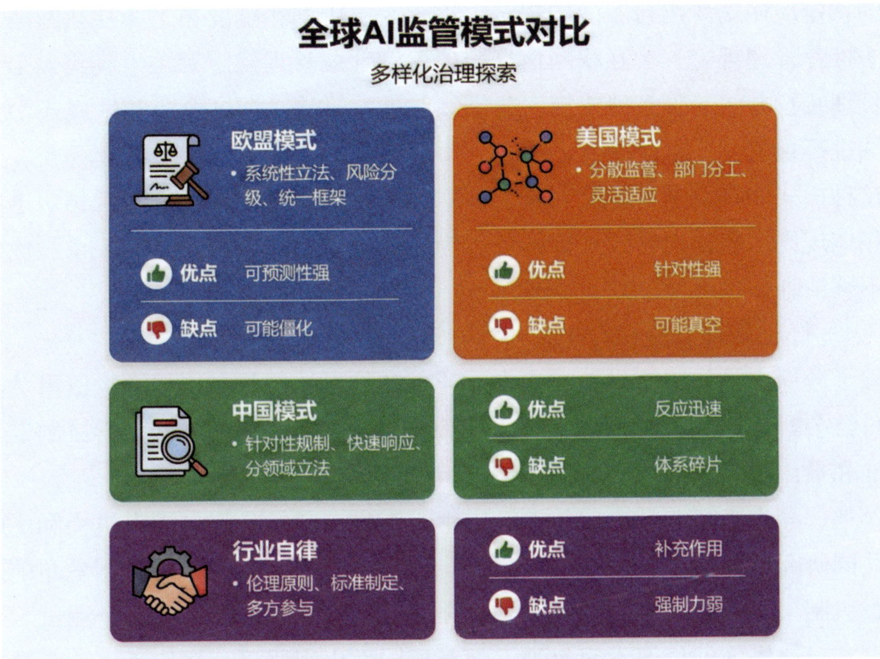

图 4.8-2　不同国家的 AI 监管模式

欧盟模式的优点在于其系统性和可预测性，为企业提供了相对明确的合规指引。但批评者认为，这种自上而下的统一立法过于僵化，难以适应快速变化的技术现实，且繁重的合规要求可能会阻碍创新。

（2）美国模式：分散与灵活

与欧盟形成鲜明对比的是，美国迄今为止尚未出台一部全面的联邦AI监管法律。取而代之的是一种更为分散和灵活的治理架构，即不同的政府部门根据各自的职责范围，对其管辖领域内的AI应用进行监管。

美国食品药品监督管理局负责监管医疗AI，联邦贸易委员会关注AI涉及的消费者保护和反垄断问题，美国证券交易委员会监管金融领域的算法交易，美国平等就业机会委员会关注AI在招聘中的歧视问题等。与此同时，拜登政府于2023年发布了一项行政命令，为联邦政府使用AI制定了若干原则和要求，但这些原则主要是指导性的，而非强制性的法规。

美国模式的支持者认为，这种方法更具灵活性，能够根据具体场景制定针对性的规则，避免一刀切的僵化。而批评者则指出，分散的监管格局可能导致漏洞和重叠，使企业难以把握整体合规要求，也可能在关键领域留下监管真空。

（3）中国模式：针对性规制

中国采取了一种介于欧美之间的路径，即不追求单一的综合性立法，而是针对AI的特定应用场景出台专门的规定。近年来，中国相继发布了《互联网信息服务算法推荐管理规定》《互联网信息服务深度合成管理规定》《生成式人工智能服务管理暂行办法》等多项法规，分别针对推荐算法、深度合成和生成式AI等具体领域进行规范。

这种模式的特点是反应速度快、针对性强，能够在新技术出现后相对迅速地出台相应规则。但这也导致规则体系较为碎片化，不同规定之间的关系和优先级有时不够清晰。

（4）行业自律与多方治理

除了政府主导的监管之外，来自产业界和技术社区的自律努力也值得关注。许多科技公司发布了各自的AI伦理原则和使用政策，一些行业联盟尝试制定共同的标准和最佳实践。

例如，“人工智能合成伙伴关系”组织汇集了科技公司、学术机构和民间团体，共同研究AI的社会影响并提出建议。一些开源社区尝试建立模型发布前的安全审查机制。部分AI实验室承诺在发布强大模型之前进行充分的安全测试。

这些自律措施的价值不容忽视，但其局限性也很明显，自律承诺通常缺乏强制力，企业可能在竞争压力下放弃自我约束；行业标准可能被大公司主导，未必能够充分反映公众利益；在没有外部监督的情况下，“伦理原则”可能沦为公关话术。因此，多数专家认为，行业自律应该是政府监管的补充，而非替代。

一些核心争议

（1）监管的对象：技术还是应用

一种观点认为，监管应该聚焦于AI技术本身，对模型的训练过程、能力水平、安全测试等进行规范。这种方法的优点是从源头进行控制，但难点在于如何界定“足够安全”的技术标准，以及如何处理开源模型一旦发布便难以控制的现实。

另一种观点认为，监管应该聚焦于 AI 的具体应用场景。同样的技术用于不同目的，其风险和收益可能天差地别。针对应用场景的监管更具灵活性，也更容易与现有的行业监管体系相衔接。但这种方法可能导致“打地鼠”式的困境，即监管者不断追赶层出不穷的新应用，疲于奔命却难以形成系统性的治理（见图 4.8-3）。

（2）创新与安全的平衡

几乎所有关于AI监管的讨论都会触及这种根本性张力。过于宽松的监管可能放任风险积累，直到造成难以挽回的损害；过于严格的监管可能扼杀有益的创新，并将技术发展推向监管更为宽松的地区。

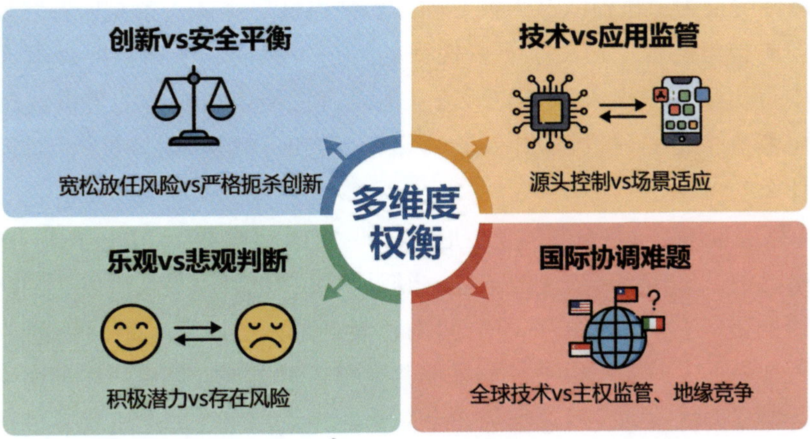

图 4.8-3　AI 监管的多维度权衡

不同的人对这种平衡有不同的判断。乐观主义者倾向于相信AI的积极潜力，主张给予技术发展更多空间；悲观主义者则警惕AI可能带来的存在性风险，呼吁采取预防性的严格管控。现实中的政策选择往往落在这两个极端之间的某个位置，而具体落点取决于社会的风险偏好、政治变化和利益博弈的结果。

（3）国际协调的可能性

AI是一项全球性技术，但监管权主要掌握在主权国家手中。如果各国采取差异巨大的监管标准，可能会导致“监管套利”现象，企业将活动转移到监管最宽松的地区，从而削弱各国监管的有效性。

一些人呼吁建立AI领域的国际治理机制，类似于核能领域的国际原子能机构或航空领域的国际民航组织。这种国际机构可以协调各国政策、制定共同标准、监督合规情况。但现实中，地缘政治竞争使得这种国际合作困难重重。美国、中国、欧盟等主要AI力量在技术标准和治理理念上存在分歧，短期内达成有约束力的国际协议的可能性不大。

作为公民，应保持关注与学习、积极参与公共讨论、在日常选择中表达态度，是我们参与AI治理的重要方式。AI的未来不应该只由技术精英和政策制定者决定，而应该是一个由全社会共同塑造的过程。

4.9　人类和 AI 如何共处？协作才是关键

人机对弈引发的思考

1997年，当IBM的深蓝计算机击败国际象棋世界冠军卡斯帕罗夫时，许多人将这一事件解读为“机器战胜人类”的标志性事件。媒体头条充斥着悲观论调，仿佛人类的智慧与尊严遭受了不可挽回的打击。然而，卡斯帕罗夫本人却从这次失败中得出了一个出人意料的结论。他没有沉浸于对机器的恐惧或怨恨，而是开始思考一个更具建设性的问题，如果人类和计算机不是对手，而是队友，会发生什么？

这个问题催生了一种全新的竞技形式，即“自由式象棋”（Freestyle Chess）。在这种比赛中，参赛者可以是纯人类、纯计算机，也可以是人机组合团队。结果令人惊讶的是，在相当长的一段时间内，表现最好的既不是最强大的单独计算机，也不是最顶尖的人类棋手，而是那些由普通棋手与计算机巧妙配合组成的团队。卡斯帕罗夫将这一发现总结为一个简洁的公式：弱人类 + 机器 + 更好的流程 > 强人类 + 机器 + 较差的流程 > 单独的强大计算机。换句话说，人机协作的关键不在于人有多强或机器有多强，而在于两者之间的协作质量。

这个来自棋盘的洞见，为我们思考更广泛的人机关系提供了宝贵的启示。让我们跳出对AI威胁的担忧，转而分析一个更具希望的话题，人类与AI如何实现有效的协作？

重新理解人机关系

长期以来，关于AI与人类关系的讨论往往被两种极端叙事所主导。一种是“替代论”，认为AI终将在各个领域取代人类，使人类变得可有可无。另一种是“工具论”，将AI仅仅视为人类的附属品，是一种更高效的计算器或打字机。

这两种观点都过于简化了人机关系的复杂性。更准确的理解是人类和AI各有独特的优势，最佳的结果往往产生于两者优势的结合。

人类的独特优势，包括对复杂情境的整体性理解与判断、创造性思维与跨领域联想、对社会规范和文化语境的直觉把握、情感智能与同理心、设定目标和定义问题的能力、面对全新情境的适应性与灵活性，以及伦理推理与价值判断。

AI的独特优势则体现在处理海量数据的速度与规模、模式识别与统计预测的精准性、不知疲倦的持续工作能力、在规则明确领域的高度一致性，以及对细节的精确记忆与检索能力等方面。

当然，这种划分并非绝对。AI的能力边界正在不断扩展，某些曾被认为是人类专属的领域，如艺术创作、自然语言对话，AI已展现出令人瞩目的表现。但就目前和可预见的未来而言，将人机关系视为具有互补性的协作伙伴，比将其视为竞争对手或单纯的主仆关系，更能指导我们走向积极的发展方向。

协作的三种模式

人类与AI的协作可以采取多种形式，根据两者之间的分工关系，我们可以归纳出三种基本模式（见图4.9-1 ）。

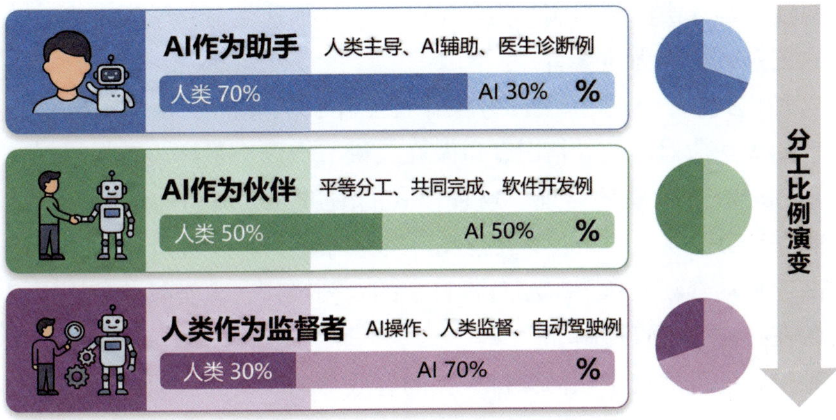

图 4.9-1　AI 协作的三种模式

模式一：AI作为助手

在这种模式下，人类保持主导地位，AI扮演辅助角色。人类定义问题、制定策略、做出关键决策，AI则帮助执行具体任务、提供信息支持、处理烦琐的细节工作。

医生使用AI辅助诊断系统就是一个典型例子。AI可以快速分析医学影像，标注出可疑的异常区域，但最终的诊断结论由医生作出。医生会综合考虑AI的建议、患者的病史、临床检查结果以及自己的专业判断，形成完整的诊疗方案。在这个过程中，AI扩展了医生的感知能力和信息处理能力，但并没有取代医生的核心职能。

这种模式的优点是保持了人类的控制权和责任归属的明晰。缺点是可能无法充分发挥AI的潜力，人类也可能因为过度自信而忽视AI提供的重要线索。

模式二：AI作为伙伴

在这种模式下，人类与AI形成更加平等的分工关系。双方各自负责自己擅长的部分，共同完成一项任务。

软件开发中的人机协作越来越接近这种模式。程序员负责理解业务需求、设计系统架构、评审代码质量，AI编程助手则帮助生成具体的代码片段、发现潜在的Bug、提供优化建议。双方的贡献都是不可或缺的，工作成果是真正意义上的共同产物。

科学研究中也开始出现类似的协作模式。2020年，DeepMind的AlphaFold在蛋白质结构预测领域取得了历史性突破，解决了困扰生物学家数十年的难题。但AlphaFold并没有取代结构生物学家。相反，它已成为科学家手中的强大工具。研究者利用AlphaFold的预测结果来设计实验、验证假说、探索新的研究方向。AI的计算能力与人类的科学洞察力相结合，正在加速生命科学的进步。

模式三：人类作为监督者

在这种模式下，AI承担大部分操作性工作，人类的主要职责是监督AI的运行、处理AI无法应对的例外情况，以及在关键节点做出最终决策。

自动驾驶技术的发展体现了这种模式的演进。从最初的辅助驾驶（人类主导+AI辅助）到高度自动驾驶（AI主导+人类监督），人机角色发生了逐步的转换。在高度自动驾驶状态下，AI负责日常的驾驶操作，人类驾驶员则需保持注意力，准备在必要时接管控制。

这种模式的挑战在于如何保持人类的有效参与。研究表明，当人类长时间处于监督而非操作状态时，注意力容易涣散，一旦需要紧急介入，反应往往不够及时。如何设计人机交互界面和工作流程，使人类监督者能够保持适度的参与感和警觉性，是这种模式面临的关键问题。

有效协作的原则

无论采用哪种协作模式，明确一些基本原则都有助于提高人机协作的效果（见图4.9-2）。

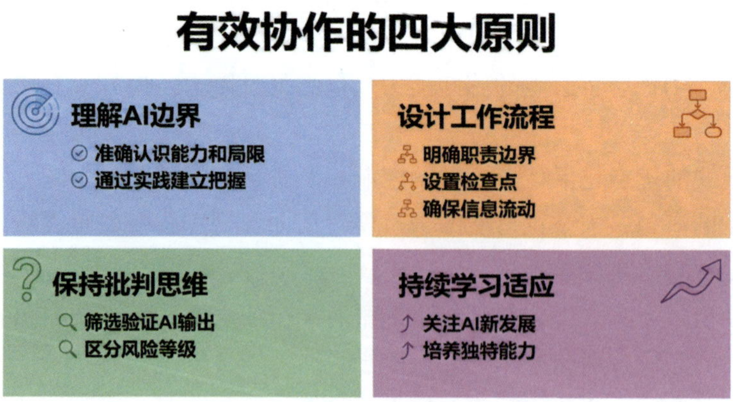

图 4.9-2　AI 与人类的有效协作

（1）理解AI的能力边界

有效协作的前提是对AI的能力和局限要有准确的认识。这意味着既不能因为对AI的过度信任而放弃必要的人类判断，也不能因为对AI的不信任而拒绝利用其优势。

实践中，这种认识需要通过使用经验来逐步建立。刚开始使用一个AI工具时，可以有意识地对比AI的输出与人类专家的判断的出入，观察两者在什么情况下一致、在什么情况下存在分歧，从而形成对AI可靠性的经验性把握。

（2）设计良好的工作流程

卡斯帕罗夫关于“流程”重要性的洞见，在各个领域都得到了验证。人机协作不仅取决于参与者的能力，更取决于协作的方式和流程的设计。

良好的工作流程应该明确人与AI各自的职责边界，设置适当的检查点和确认环节，确保信息在人机之间顺畅流动，并为处理例外情况提供清晰的路径。流程设计不当，即使是强大的AI和优秀的人类也可能协调失调；流程设计得当，即使是普通人也能借助AI的力量产出超越预期的成果。

（3）保持批判性思维

在与AI协作时，保持独立的批判性思维至关重要。AI的输出可能包含错误、偏见或不适用于特定情境的建议。人类协作者的职责之一就是对AI的输出进行筛选、验证和修正。

这并不意味着要对AI的每一个输出都持怀疑态度，那样会极大降低协作效率。更合理的策略是对于风险较低的日常任务，可以在一定程度上信任AI的输出；对于风险较高或后果重大的决策，则需要更严格的人类审核。批判性思维的核心不是怀疑一切，而是知道在什么时候需要更加谨慎。

（4）持续学习与适应

AI技术在快速演进，人类与AI协作的最佳实践也在不断变化。今天有效的协作模式可能在明天需要调整。保持学习的心态，持续关注AI能力的新发展，及时更新自己的协作策略，是在AI时代保持竞争力的必要条件。

这种学习是双向的。一方面，人类需要学习如何更好地利用AI工具；另一方面，人类也需要有意识地培养那些AI难以替代的能力，确保自己在协作关系中持续贡献独特的价值。

面向未来的心态

站在今天这个时间点，预测人机关系的长远未来是不可能的。AI的发展可能超出我们最大胆的想象，也可能遭遇意想不到的瓶颈。唯一可以确定的是，人与机器的互动方式将继续深刻地演变。

面对这种不确定性，一种健康的心态或许是，既不盲目乐观，也不过度恐惧；既不被动等待，也不试图阻挡变革。我们能做的是积极参与塑造人机关系的未来，在每一个具体的应用场景中探索更好的协作方式，在社会层面推动建立促进良性协作的规范和制度。

人类历史上的每一次重大技术变革，都曾引发类似的焦虑和争论。但最终，人类总是找到了与新技术共处的方式，并利用新技术拓展了自身的可能性。AI很可能也不会例外。关键在于，我们是否能够明智地引导这个过程，使人机协作真正服务于人类的福祉。

这不仅是技术专家或政策制定者的责任，也是每一个与AI打交道的普通人可以参与的事业。从今天开始，在我们每一次使用AI工具时，不妨多思考一下，我和这个AI是如何分工的？这种分工合理吗？怎样才能做得更好？这些看似微小的思考和实践，汇聚起来将决定人机协作的未来走向。

4.10 如何培养 AI 素养？从青少年开始

一代人的新课题

当Deepseek、ChatGPT等大语言模型席卷全球校园，从小学生到研究生，学生们迅速发现这些工具可以帮助完成作业、撰写论文、解答难题。于是教育工作者们感到措手不及，有的学校选择“严防死守”，像禁止考试作弊一样禁止使用AI；有的老师选择“睁一只眼闭一只眼”，反正也查不出来；还有的干脆躺平，心想“反正以后工作也会用AI，现在用也无所谓吧”。

但这些应对方式总让人感觉哪里不对劲。问题的关键不在于“该不该让学生用AI”，而在于一个更根本的追问，教育工作者能不能教会年轻人，如何在一个AI无处不在的世界里，成为一个清醒的、负责任的、有独立判断力的人。

这种能力，有个名字叫“AI素养”。

什么是AI素养？不只是会用ChatGPT

一提到“素养”这个词，很多人可能会条件反射地想到考试、认证、培训班。但AI素养不是一张证书，也不是一项可以速成的技能。它更像是一种生存智慧，帮助我们在人机共处的时代保持头脑清醒。

假设我们来到一个陌生的国家，那里的人说着我们从未听过的语言，遵循着我们不熟悉的习俗。要在这个国家生活下去，我们需要做什么？

首先，我们得对这个地方有基本的了解，即这里的人大概是什么样的性格，有什么禁忌，哪些事情他们擅长，哪些事情他们做不了？这对应着对AI本质的理解。AI不是魔法，它本质上是一个统计模型，擅长识别模式、预测概率，但它并不“理解”任何东西。它从海量数据中学习，但数据中的偏见和错误，它也照单全收。知道了这些，我们就不会盲目相信它说的每一句话，也不会莫名其妙地害怕它。

其次，我们得学会和当地人打交道，即怎么问路，怎么砍价，怎么礼貌地拒绝？这对应着使用AI的实践能力。同样是问AI一个问题，有人能得到精准有用的答案，有人只能得到一堆正确的废话。区别在哪里？在于我们会不会提问，会不会追问，会不会把AI的输出和自己的思考结合起来，这些都是需要学习的技能。

再次，我们得有自己的判断力，即当地人推荐的餐厅真的好吃吗，他给我们指的路是不是在绕远？这对应着批判性思维。AI会说错话，会编造事实，会一本正经地胡说八道。更隐蔽的是，它的回答往往带有某种偏见，而这种偏见来自训练数据中存在的社会偏见。没有批判性思维，我们就会被AI牵着鼻子走。

最后，我们得遵守基本的道德规范，即不能偷东西，不能欺骗人，不能做损人利己的事，这对应着伦理意识。使用AI写作业算不算抄袭，用AI生成的图片冒充自己的作品算不算欺诈，当AI犯了错，责任该由谁来承担？这些问题没有标准答案，但一个有AI素养的人，至少会认真思考这些问题，而不是装作它们不存在。

把这四个方面合在一起，就是AI素养的全貌。

为什么要从青少年抓起

有人可能会说：“AI素养听起来挺重要的，但等孩子长大了再学也不迟吧？现在让他们专心读书不好吗？”这个想法可以理解，但恐怕站不住脚（见图4.10-1）。

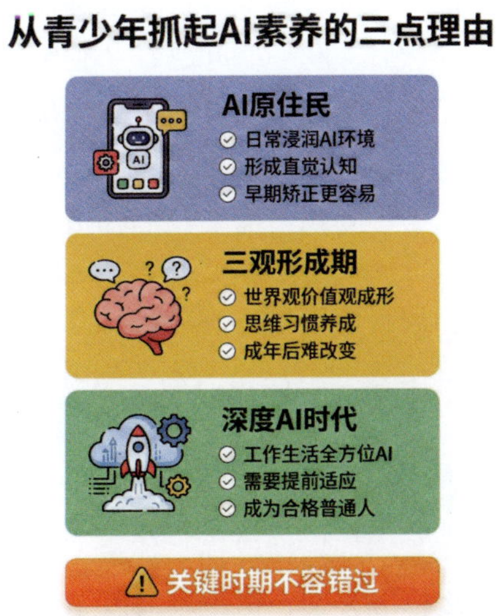

图 4.10-1　从青少年抓起 AI 素养

（1）青少年是AI的原住民

我们可能没有意识到，但今天的孩子每天都泡在AI里。刷短视频时，推荐算法在揣摩他们的喜好；做作业时，拍照搜题软件在提供“标准答案”；打游戏时，AI队友在陪他们战斗；甚至聊天时，对面那个“真人”也可能是个聊天机器人。

在这种环境下成长，却对AI一无所知，就像每天在河里游泳却不知道水的存在。他们会形成很多关于AI的直觉，这些直觉有些是对的，有些是错的。等到长大后再来“矫正”，难度会大得多。

（2）青少年时期是“三观”形成的关键期

十几岁的时候，人对世界的基本态度正在成形，该相信什么，该怀疑什么，什么是对的，什么是错的？这些根本性的问题，答案往往在这个阶段初步形成。

如果一个人在青少年时期习惯了不加甄别地接受AI的输出，习惯了让AI代替自己思考，习惯了在不理解后果的情况下使用AI，随着时间的推移，这些习惯会像年轮一样刻进他的思维方式中。成年后要改变谈何容易。

（3）他们将比我们更深地活在AI时代

对于今天的成年人来说，AI是一个需要“学习适应”的新事物。但对于今天的青少年来说，AI就是他们生活的底色。他们未来的工作、生活、社交、娱乐，每一个角落都会有AI的身影。

与其等到他们进入社会后手忙脚乱地应对，不如现在就帮他们打好基础。这不是为了让他们成为AI专家，而是为了让他们成为AI时代合格的普通人。

家长能做什么？其实比我们想得简单

看到这里，一些家长可能开始焦虑了：“我自己都搞不懂AI，怎么教孩子？”培养孩子的AI素养，不需要我们是技术专家，也不需要我们报什么培训班。最重要的事情，其实特别简单，即和孩子聊天。

当孩子在用AI的时候，家长可以凑过去看看。不是去监视，不是去责备，而是带着好奇心去了解：“这是什么？我们在用它做什么？”

然后，问一些问题：“它给的这个答案，你觉得对吗？”“你有没有试过用别的方式提问，看它会不会给出不一样的回答？”“这道题的思路你自己想明白了吗，还是只是把答案抄过去了？”

这些问题不需要我们知道答案。事实上，最有价值的对话往往是我们一起探索、一起解决困惑的过程。当孩子发现爸爸妈妈也在学习如何和AI打交道时，他们会更愿意分享自己的想法，也会更认真地思考这些问题。

还有一个简单有效的方法，即利用新闻。当媒体报道AI相关的事件，比如有人用AI生成假视频冒充明星，或者某个AI系统被发现对某些群体有歧视，或者有学生用AI写论文被发现，把这些当作家庭讨论的话题。“你觉得这件事对不对？”“如果换成你，你会怎么做？”“这件事让你想到了什么？”不需要得出什么标准答案，讨论本身就是培养批判性思维的过程。

学校该怎么办？不只是信息技术课的事

AI素养的培养不能只靠家长，学校扮演着更核心的角色。但问题是，很多学校的第一反应是“开一门AI课程”或者“在信息技术课里加点内容”。这种思路不能说错，但太局限了。AI已经渗透到社会的方方面面，AI素养的培养也应该渗透到各个学科。来看以下几个例子。

- 语文课：分析一篇文章时，可以分别拿出一篇AI写的和一篇人类写的，让学生对比。哪些地方暴露出AI的痕迹，AI的写作缺少什么，人类写作的独特价值在哪里，如果用AI帮忙修改润色，算不算作弊，界限在哪里？
- 数学课：AI为什么能预测天气，为什么能识别人脸，其底层的统计原理是什么？当我们理解了机器学习的基本逻辑，我们就不会觉得AI神秘莫测，也能理解它为什么会犯某些类型的错误。
- 政治课/社会课：AI会取代人类的工作吗，算法推荐会不会让人困在“信息茧房”里，人脸识别技术是保障安全还是侵犯隐私，AI应该如何监管？这些都是真实的社会议题，值得在课堂上认真讨论。
- 艺术课：用AI生成一幅画，和自己亲手画一幅，感受有什么不同，AI艺术算不算艺术，如果AI画的作品参加比赛并获奖，这公平吗？

AI素养根本不是一个孤立的技术话题。它和语言、逻辑、社会、伦理、美学都紧密相连。

还有更重要的一点，学校需要重新思考“评估”的意义。如果作业和考试仍然只看最终结果，学生用AI作弊的动机就会一直存在。但如果评估的重点转向思考的过程，我们是怎么想到这个论点的，我们的推理有什么漏洞，我们为什么做出这个选择？那么AI就很难帮上忙了，因为AI不是我们，它不知道我们是怎么想的。

这种评估方式的转变，本身就是对学生最好的AI素养教育。它传达了一个清晰的信息，我们在乎的不是我们能得到什么答案，而是我们能做什么样的思考。

我们讲解了AI的种种“短板”，它会一本正经地说胡话，会把偏见藏在精确的输出里，会被别有用心的人利用来作恶，会给就业市场带来冲击，会在我们不知情的情况下收集和使用我们的数据，会面临复杂的监管难题。

但了解这些不是为了害怕AI或拒绝AI。恰恰相反，了解这些是为了更好地与AI共处。就像学游泳之前要先知道水有多深、哪里有暗流一样，了解AI的短板和风险，是我们在AI时代安全游泳的前提。

更重要的是，我们不能把这些知识据为己有。我们需要传递给下一代，帮助他们从小就培养正确的AI素养，让他们能够自信地、清醒地、负责任地面对一个人机共处的未来。这是我们这一代人的责任，也是我们能给下一代人最好的礼物。

第5章

跟上AI时代：普通人能做什么？

5.1 零基础怎么学习人工智能?

首先，让我戳破一个谎言

“我完全是零基础，AI对我来说太难了。”每当听到这种话，都会忍不住笑。因为说话人的手里都有手机，而在手机里，至少有十几个AI功能正隐藏在后台运行。不信吗？那我们来做个小测试。

今天我们有没有用手机拍照？那个自动美颜、自动对焦、自动识别场景的功能，是AI实现的。有没有用输入法打字聊天？那个越来越懂我们，并且能准确预测下一个词语的联想功能，也是AI。有没有趁着空闲时间刷短视频打发时间呢？那个让我们一刷就停不下来、总是给我们推送我们爱看的内容的算法，也是AI。我们有没有用过智能语音助手问“明天天气怎么样”？那个能听懂人话的小家伙，还是AI。所以我们哪里是零基础？我们分明已经是AI的资深用户，每天和各种AI打交道几十次甚至上百次。我们只是不知道那些便利的原理罢了。

我们要做的，不是从零开始学习一个陌生的东西，而是揭开一层薄纱，认识一下那个早已陪伴我们多年的“老朋友”。

三种人，三条路

当然，“了解AI”这件事，对不同的人意味着不同的深度。让我帮我们找找自己的定位（见图5.1-1）。

图 5.1-1 三种人，三条路

• 第一种：看热闹型。

没打算靠AI吃饭，只是想知道这东西到底是什么、能干什么，会不会抢走人类的工作，会不会像电影里那样造反。需求是“看懂新闻、听懂谈话、不被忽悠”。对于这类人群，建议是：多用、多看、少焦虑。

找几个主流的AI工具，如ChatGPT、文心一言、Kimi、通义千问，下载下来玩一玩。问它们问题，让它们帮我们写东西、解释概念、推荐餐厅。用着用着，我们就会对AI的能力边界有直观的感受。

然后，关注一些靠谱的科技媒体，看看AI领域在发生什么。不需要追踪每一条新闻，但保持一个大概的感知，比如哪些事情AI已经能做了，哪些还做不了，哪些可能很快就能做。作为一个现代公民，这种程度的AI素养能够让我们在饭桌上聊天时不犯怵，在使用新产品时不迷糊，在面对AI相关的社会议题时有自己的判断。

• 第二种：学会用型。

这类人群，在工作或生活中有明确的场景，需要AI来帮忙。可能从事的是文案写作等相关工作，想用AI提高效率；可能是设计师，想试试AI绘画工具；可能是学生，想让AI辅助学习；可能是创业者，想看看AI能不能用在我们的业务场景中。对于这类人群，建议是：从具体问题出发，定点突破。

别试图“全面了解AI”，那需要学习的知识体系太庞大了。相反，盯住我们自己的应用场景，即我要解决什么问题，用哪些AI工具可能有帮助，这些工具怎么用效果最好？如果我们是做内容创作的，那就重点研究ChatGPT、Claude这类写作助手，学学怎么写好提示词，怎么让AI输出符合我们要求的内容。如果我们是做设计的，那就重点研究Midjourney、Stable Diffusion这类图像生成工具，搞清楚它们各自的风格特点，学会用文字描述来控制输出效果。如果我们是程序员，那就研究GitHub Copilot、Cursor这类AI编程助手，看看它们能在多大程度上提高我们的开发效率。聚焦、深入、实践，比广泛撒网有效得多。

• 第三种：搞懂原理型。

这类人群对AI背后的技术原理感兴趣。想知道神经网络是怎么工作的，大模型是怎么训练出来的，为什么这些系统能表现得如此“智能”。对于这类人群来说，建议是：找准入口，循序渐进。好消息是，AI领域有非常丰富的学习资源，从入门到精通应有尽有。坏消息是，资源太多了，多到让人眼花缭乱。

一个经过检验的有效学习路径如下，先通过科普内容建立直觉，对基本概念有个感性认识；然后学一点Python编程基础，这是进入AI技术世界的钥匙；再挑一门系统的在线课程（如吴恩达的机器学习课程），跟着视频和练习学习；最后动手做项目，用公开的数据集和模型框架实现一些简单的应用。

这条路需要投入一些时间和精力，但并不需要我们是数学天才或编程高手。关键是坚持，以及在遇到困难时不要太快放弃，每个学AI的人都曾经对着代码报错消息抓狂过，这都是学习成长的必经之路。

关于学习AI的几个反常识

开始学习之旅之前，我想提前搬开几个绊脚石。这些都是常见的误解，误导了不少人。

（1）我数学不好，学不了AI

这是阻止人们接触AI的头号借口。但实际上，除非我们要从事AI研究或核心开发，否则日常使用和一般性了解根本不需要数学。我们会用微信却不需要懂通信协议吗，我们会开车却不需要懂内燃机原理，我们看电影却不需要懂光学成像，使用AI工具，和使用其他工具一样，只需要知道“怎么用”，而不需要知道“为什么能用”。至于想深入学习的人，高中数学水平加上一点额外的线性代数和概率论知识，就足以理解大多数AI概念了。真正需要高深数学能力的，只是这个领域金字塔尖的那一小群人。

（2）AI变化太快，学了也会过时

确实，AI工具更新换代的速度快得惊人。去年还是GPT-3.5，今年就是GPT-4O了；上个月刚学会Midjourney V5，这个月V6就出了。

但这并不意味着学习没有价值。恰恰相反，那些底层的概念和技能，什么是模型、什么是训练、什么是提示词、什么是上下文是相对稳定的。工具会变，但使用工具的逻辑不会变；模型会升级，但和模型对话的技巧是可迁移的。

而且，只有我们开始学了，我们才能跟得上变化。因为新东西总是建立在旧东西的基础上。懂GPT-3的人学GPT-4会很快，没接触过的人看哪个都懵。

（3）等技术成熟了再学也不迟

这个想法最危险，因为技术永远在发展，我们永远可以找到“再等”的理由。而在我们等待的时候，别人已经在用AI提高效率了，新的工作机会已经向会用AI的人倾斜了，社会对AI素养的要求已经悄悄提高了。

更何况，现在是学习AI技术成本最低的时代。各种工具提供免费版本，各种教程在网上公开，各种社区随时可以提问。等到AI变得更加普及和商业化，这些红利可能早已不再。种一棵树最好的时间是十年前，其次是现在，学AI也一样。

我们的第一步：把AI从神坛上请下来

现在我们明白了，学习AI不需要任何特殊的天赋或准备，我们需要的只是迈出第一步的决心。而这第一步，说来很简单，即打开一个AI对话工具，和它说句话。仅此而已，不需要想好问什么高深的问题，随便聊聊就行。问它今天天气怎么样，让它给我们讲个笑话，请它解释一个我们不懂的概念，或者干脆就打个招呼："你好，你是谁？"然后观察它怎么回应，试着追问几句，故意问点它可能答不上来的问题。看看它什么时候表现得很聪明，什么时候犯傻。

这种"玩"的过程，比读任何教程都更能帮助我们建立对AI的直观感受。我们会慢慢发现它的脾气，什么情况下它表现得好，什么情况下它容易出错，怎么问话才能让它更能理解我们的意思。这种感受，是学习AI的最好起点（见图5.1-2）。

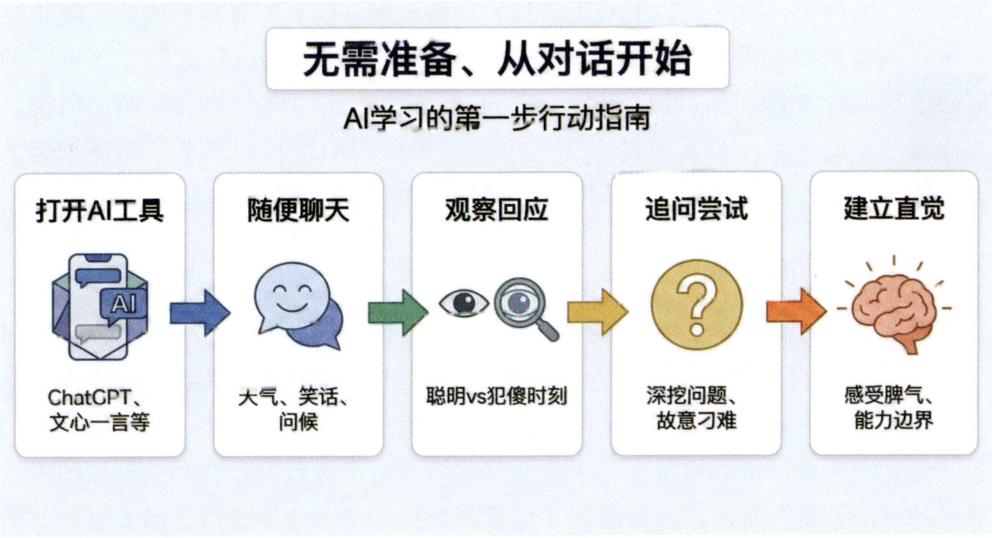

图 5.1-2　AI 学习的第一步行动指南

有了这个起点，后面的路就好走了。无论我们是想停留在"看热闹"的阶段，还是想深入学习技术原理，我们都已经有了一个具体的、可感知的参照物。一切概念都不再是抽象的理论，而是和我们与AI对话的那些体验联系在一起。

所以，如果我们现在手边有手机或电脑，不妨就此暂停阅读，去和AI打个招呼，迈出尝试的第一步。

5.2 不懂编程也能玩 AI 工具吗?

一个让程序员有点尴尬的事实

先讲一个真实的故事。我有一个朋友，他是某互联网公司的资深程序员，写了十几年代码，算法功底扎实，数据库、服务器样样精通。去年公司让他负责一个AI相关的项目，他信心满满地开始研究。三个月后，他跟我吐槽："最让我郁闷的是我们部门那个刚来的实习生，计算机基础稀烂，连Python都写不利索，但她用ChatGPT写的文案比我好，用Midjourney出的图比我有创意，用Curser写的代码比我写的质量高，和AI对话的效率比我高。我研究了一堆底层原理，结果实际用起来还不如她。"

这个故事说明了一个在AI时代非常重要的事实，即懂编程和会用AI工具是两码事。编程是一种技能，用AI工具是另一种技能。前者需要掌握语法、逻辑、算法；后者需要的是清晰的表达、合理的预期，以及一点点和机器"周旋"的耐心。这两种技能当然可以相互促进，但绝不是非此即彼的关系。换句话说，在今天这个时代，不懂编程的人完全可以成为使用AI工具的高手。而懂编程的人，如果不学习新的技能，在AI工具面前可能还会吃亏。

为什么现在不需要编程了?

要回答这个问题，得先搞清楚一件事，为什么以前用AI必须会编程？原因很简单，以前的AI没有"耳朵"和"嘴巴"。早期的AI系统只能通过代码来交互。我们想让它做点什么，必须用编程语言精确地告诉它每一步该怎么做。我们想获得它的输出，也必须写代码去读取和解析。整个过程就像在和一台只懂机器语言的外星设备打交道，没有翻译（也就是编程技能）寸步难行。但大型语言模型的出现彻底改变了这一切。ChatGPT、文心一言、Claude以及Deepseek等工具的革命性在于，它们让AI学会了人话。我们不再需要用代码和它沟通，直接打字或说话就行。

这就好比从前和外国人交流必须学外语，现在有了完美的实时翻译器，只说母语就够了。编程这道门槛，被自然语言接口给铲平了，而且这个趋势正在加速。现在不仅是对话AI，图像生成AI（如Midjourney、Stable Diffusion等）、视频生成AI（如Sora、可灵等）、音乐生成AI（如Suno等）、PPT生成AI（如Gamma等）几乎所有面向普通用户的AI工具，都在竭尽全力地降低使用门槛。目前AI的比拼不再是谁的算法更高深，而是谁能让用户更轻松地得到想要的结果。

对于工具开发者来说，“让不懂技术的人也能用”已经成了产品竞争的核心战场。这意味着会有越来越多的AI工具变得越来越易用化。我们要做的不是去学编程，而是学会用自然语言把需求说清楚。

那我需要学点什么？

不用学编程不等于什么都不用学。和AI打交道有它自己的门道，只不过这个门道可比写代码简单多了（见图5.2-1）。

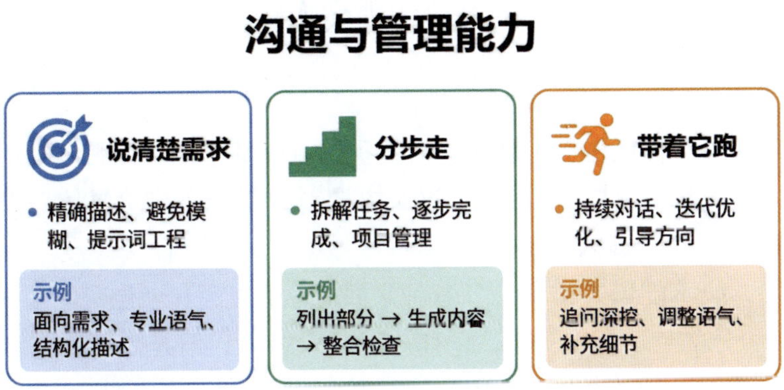

图 5.2-1　如何有效利用 AI

（1）我们需要学会“说清楚需求”

AI不会读心术。我们脑子里想的东西，必须通过文字或语音表达出来，它才能理解。很多人用AI工具效果不好，不是工具不行，而是自己没说清楚想要什么。比如我们向AI提出“写一篇文章”，这种表述太模糊了。写什么主题，给谁看，多长篇幅，什么风格，正式还是活泼？AI只能靠猜，猜对了算它运气好，猜不对我们就觉得它笨。但如果我们说：“帮我写一篇关于新能源汽车发展趋势的分析文章，面向普通消费者，1500字左右，语气专业但不要太多术语，要包含具体的数据和例子。”这就清楚多了，AI知道该往哪个方向走，出来的结果自然更符合我们的期待。这种把需求表达清楚的能力，有个时髦的名字叫“提示词工程”（Prompt Engineering）。但别被这个高大上的名字吓到，本质上就是用AI能懂的方式说话。

（2）我们需要学会“分步走”。

很多人喜欢让AI一次性完成一个复杂的大任务，结果往往不理想。AI虽然强大，但是它和人一样，任务越复杂，出错的概率就越大。

因此更加合适的做法是把大任务拆解成小任务，我们甚至可以让AI先充当项目经理的角色，帮我们规划好完成这个项目的每一步，然后让一个更熟悉业务逻辑的AI开始一步步实施。比如我们要写一份市场调研报告，与其说“帮我写一份手机市场调研报告”，不如分成以下几步：

- 第一步：让AI帮我们列出报告应该包含哪些部分；
- 第二步：针对每一个部分分别生成对应内容；
- 第三步：让AI把各部分内容整合成连贯的文档；
- 第四步：让AI检查有没有逻辑错误或遗漏的地方。

由于每一步都相对简单且工作目标更明确，因此AI可以完成得更好，我们的检查和调整也更方便。这比一口气让它生成一大堆内容，然后大海捞针般的修改效率高多了。

（3）我们还需要学会“调整和优化”。

AI的第一次回答往往不是最佳答案，我们可以基于这个回答继续追问、补充以及调整。比如我们可以告诉它：“这个方向对，但能不能更具体一点？”“例子不太合适，换一个国内的例子。”“语气太正式了，轻松一点。”“前面那个观点很好，能不能展开讲讲？”这种来回对话的过程，就像我们和一个特别能干，但需要指导的助手合作一样。它有知识、有能力，但是需要我们指明方向。我们引导得越好，它的输出就越好。

这三项能力：说清楚、分步走、调整和优化，是使用AI工具的核心技能。我们会发现这三种技能和编程毫无关系，反而更接近于沟通能力和项目管理能力。如果我们本来就是一个善于表达、懂得拆解问题的人，那么我们将会在AI工具的使用中如鱼得水。

一个下午就能学会的AI工具清单

说得再多也不如亲自动手试试。这里列举几个不需要任何技术背景就能用的AI工具，现在我们就可以全部体验一遍（见图5.2-2）。

- 对话类：ChatGPT、Claude、DeepSeek、文心一言、通义千问、Kimi、豆包等，这些是“全能助手型”AI，能聊天、写作、回答问题、翻译、总结资料，基本上我们能想到的文字工作它们都能帮忙做。
- 图像类：Midjourney、Stable Diffusion、即梦、可灵、Nano Banana、LibLib、DALL·E、文心一格、豆包生图等，输入文字描述就能生成图片。想要什么风格的插画、海报、概念图，说出来就行。
- 办公类：Gamma（做PPT）、Notion AI（写文档）、Tome（做演示），把传统办公软件里最枯燥的工作自动化，省时省力。

图 5.2-2 零门槛体验 AI

- 音频类：Suno（生成音乐）、ElevenLabs（文字转语音），哪怕是五音不全的人，也能用AI作曲；哪怕普通话不标准，也能生成播音腔的语音。

每个工具都有自己的特点和最佳使用场景，但入门方式都差不多，即注册账号、打开界面、输入我们的需求、查看结果，然后调整需求再试。

不需要提前做任何准备，打开就用，边用边学，遇到问题就问AI本身（它通常很乐意解释自己应该怎么用）。这就是最好的入门方式（见图5.2-3）。

图 5.2-3 边用边学

一个善意地提醒

虽然使用AI工具不需要编程，但如果我们愿意学一点基础的编程，天花板会高很多。不是说不学就用不了，而是学了之后能解锁更多可能性。

比如我们可以用代码批量调用AI，一次处理几百个文件；我们可以把AI嵌入到自己的工作流程里，实现自动化工作；我们可以调用一些只提供代码接口的高级功能；我们还可以更深入地理解AI的能力边界，知道什么时候该用什么工具。

所以我的建议是先用起来。等我们用顺手了，发现有些事情纯靠界面操作做不到或效率上不去的时候，再考虑学一点Python。这个时候，我们会有明确的动力和应用场景，比一开始就硬着头皮学效果会好得多。

5.3　学会提问，成为 AI 时代的“控制者”

一个价值百万的技能

2023年，美国出现了一个新职业，起薪高达30万美元，即提示词工程师。这个职位的工作内容是什么呢？说起来非常简单，就是专门研究怎么跟AI聊天。具体来说，就是设计出能让AI工具输出最佳结果的提问方式。同样一个任务，不同的问法会得到天差地别的结果。提示词工程师的工作，就是找出那个“最佳问法”。

我们可能会想，这也能成为一份高薪工作？提问题谁不会啊？还真不是人人都会，尤其是在中国传统的教育环境中，学生主要被培养的能力是解决问题的能力，但学校的教育很少指导学生如何自己思考钻研并提出有价值的问题，很多学生只要我们给他一个任务，他或许会解决得不错，但是一旦让他自己提出一个课题并展开研究，他们就会无所适从。或许“问问题”这件事并不复杂，但是能问出一个好问题却有难度。

想想看，我们身边有没有这样的情况，同样去医院看病，有的人能把症状描述得清清楚楚帮助医生快速诊断，而有的人说了半天医生却抓不到主要信息。

这种差异，放到人与人的沟通中叫“表达能力”，放到人与AI的沟通中就叫“提示词能力”。这种能力完全可以学习，而且一旦学会，我们就从AI的“使用者”升级为“控制者”，能从AI那里产出别人无法产出的价值。接下来，将讲解几个立竿见影的提问技巧（见图5.3-1）。

图 5.3-1　AI 的提问技巧

第一招：给AI一个身份

首先给AI一个身份，让它明确自己需要搜索的知识范围，这样做效果会比直接问好得多，比较以下这两种问法。

- 直接提问："帮我写一段产品介绍文案。"
- 设定身份提问："假设我们是一位有 10 年工作经验的 4A 广告公司资深文案，擅长使用简洁有力的语言打动消费者。请帮我写一段产品的介绍文案。"

第一种问法，AI会用它"默认"的方式来写，中规中矩，没有什么特色。但是第二种问法，AI则会调用它所累积的关于广告文案的所有专业知识，并且模仿专业人士的写作风格来写作，输出的内容就会更加专业、更有说服力。

这个技巧的原理是AI在训练时学习了海量的人类文本，当我们给它设定一个身份时，它会激活与这个身份相关的知识和表达方式，而不是给出一个"大杂烩"式的平均答案。我们可以根据需要给AI设定各种身份。

- "你是一位严谨的法律顾问"（回答会更专业严谨）；
- "你是一位幽默的脱口秀演员"（内容会更幽默有趣）；
- "你是我的好朋友，说话随意一点"（语气会更亲切自然）。

一个身份设定，就能让AI变成完全不同的"角色"。这是最简单但也最有效的提示词技巧之一。

第二招：给AI一个样例参考

有时候，与其费劲地描述我们想要什么，不如直接给AI看一个例子。

假设我们想让AI帮我们写产品评价，但我们公司有特定的格式要求。我们可以这样设计提示词。

> 请按照下面这个格式帮我写新产品的评价：
> 【产品名称】无线蓝牙耳机 Pro
> 【一句话总结】音质出众，续航持久，商务出行的绝佳伴侣
> 【优点】音质清晰层次分明；降噪效果显著；单次充电可用8小时
> 【缺陷】价格略高于同类产品
> 【推荐指数】★★★★☆
> 现在请用同样的格式，帮我写一款智能手表的评价。

AI会精确地复制我们给的格式，产出的内容和我们的模板保持一致。这个技巧叫"少样本学习"（Few-shot Learning），说白了就是"照葫芦画瓢"。AI特别擅长模仿，我们给它看的例子越清晰，它模仿得越像。

如果一个例子不够，可以多举几个。三到五个例子通常就能让AI准确理解我们的要求。这比我们用文字描述"我想要什么风格、什么格式、什么语气"省事多了。

第三招：让AI分步思考

这是一个比较独特的技巧。AI研究人员发现，如果我们让AI先好好"思考"再回答，而不是直接蹦出答案，那么它的准确率会大幅提高。具体做法也很简单，就是在提问时加上一句："请一步一步地思考这个问题。"或者："在给出最终答案之前，请先列出我们的推理思考过程。"

这个技巧对于需要逻辑推理的问题特别有效。比如数学题、逻辑分析、复杂决策等。为什么会这样呢？有一种解释是AI其实也是会时不时偷懒一下的，但是一旦我们通过提示词强迫它给出思考过程时，它就不得不一步一步地推导，每一步都建立在前一步的基础上，环环相扣，这样就不会存在AI悄悄偷懒跳步而出错的情况。但是如果我们直接让它给出答案，它可能就会"凭感觉"猜一个，准确率也就没那么高了。

这个技巧的另一个好处是，当AI在一步一步的推理中给出答案时，一旦最终的回答有错误，我们就可以马上定位它是在哪一步开始跑偏的，然后有针对

性地纠正。

第四招：告诉AI“不要”做什么

AI有时候也会像人一样越说越乱。如果我们发现AI的回答总是出现某种我们不想要的东西，直接告诉它“不要这样做”往往很有效，这种技巧也被称为“负向提示词法”，比如。

- “请解释一下什么是量子力学，不要使用任何数学公式。”
- “请帮我写一段自我介绍，不要太谦虚，也不要太自夸。”
- “给我推荐五本好看的国内小说，不要推荐某位作家的作品，因为我已经看过了。”
- “总结一下这篇文章的要点，不要超过100字。”

明确的限制条件会让AI的输出更加精准。这就像我们在餐厅点菜时说“我对花生过敏”，有了这个信息，厨师就不会给我们端上一盘花生酱拌面。

“我不要做什么”有的时候和“我要做什么”同等重要。

第五招：出现错误时学会“压榨”AI

虽然“压榨”这个词听起来不是那么顺耳，但AI本身就是给我们干活的工具，所以我们不妨在AI不好好干活时推动它一下。比如，我们刚让AI帮我们写了一篇文案，但是逻辑混乱，错误百出，这时候我们就可以告诉它：“我现在对生成的内容非常不满意，严格按照我的要求去做，不要自由发挥，如果再干不好我就永远不会再使用你了。”当我们和AI这样说了以后，它感知到我们的不满情绪，就会更加认真地对待自己的工作。所以这个技巧的核心在于，当我们想让AI好好干活时，就不要用太客气的话去指挥它，否则它可能会偷懒或者胡言乱语。

把这五招组合起来

这五个技巧单独使用都有效，但真正厉害的是把它们组合起来。让我们看一个综合运用的例子。假如我们要让AI帮我们准备一场面试，现在请AI扮演一位有15年招聘经验的人力资源总监，专门面试产品经理岗位。我是应聘者，AI扮演面试官。提问时需注意以下几点。

- 一次只问一个问题，等AI回答后再问下一个；
- 问题要有层次，从简单到复杂；
- 不要问太宽泛的问题，要问得具体；
- 每次回答后，需先简短点评AI的回答，再提下一个问题；

- 给出附件或素材的具体内容，如这是我的简历：[附上简历内容]；
- 给AI一个身份，比如资深的HR总监。

这样的提示词，能让AI模拟出一场相当逼真的面试练习，比我们随便说一句“帮我准备面试”强一百倍。提问是一门艺术，也是一种技能。我们练习得越多，就越能更好地构建出有效的提示词框架。最终，我们会从一个被AI“带着走”的用户，变成一个指挥AI“按需工作”的高手。

5.4 ChatGPT是什么？怎么用最聪明？

ChatGPT横空出世

OpenAI在当时上线ChatGPT这个聊天机器人的时候并没有盛大的发布会，也没有铺天盖地的宣传，只是在官网上挂了一个链接，让人免费试用。五天以后，用户数突破100万；两个月以后，用户数量突破1亿。这个增长速度甚至创造了人类互联网产品的历史记录。当初Instagram达到1亿用户用了两年半的时间，TikTok用了九个月，而ChatGPT只用了两个月。

为什么这个看起来平平无奇的聊天框会让全世界疯狂？因为人们发现，这个东西真的能“聊天”。不是那种“我听不懂你在说什么，请换个方式提问”的客服机器人式聊天，而是真正的、像和一个有知识有见解的人对话一样的聊天。我们问它任何问题，它都能给出一个至少看起来像模像样的回答。我们让它写诗，它写得有模有样；我们让它写代码，它真的能运行；我们让它解释相对论，它讲得比很多老师都清楚。

这是普通人第一次真切地感受到，人工智能，好像真的“智能”了。

ChatGPT的真面目

Chat 就是“聊天”的意思，这说明这是一个对话式的产品，我们说一句它就能回一句。而 GPT 则是技术名称，全称是 Generative Pre-trained Transformer，直译过来就是“生成式预训练变换器”，我分别来解释一下这几个单词。

- Generative（生成式）：意思是它能够生成新内容，而不只是从数据库里检索现成的答案。我们问它一个它从没见过的问题，它也能现场给出一个回答来。
- Pre-trained（预训练）：意思是在它被做成产品之前，已经通过阅读海量文本完成了学习。我们可以把它想象成一个读过几乎所有人类公开文献的学霸，书籍、网页、论文、代码、维基百科等内容全都读过，全都记着。

- Transformer（变换器）：这是一种神经网络架构，2017年由谷歌提出，特别擅长处理语言。它的核心创新叫“注意力机制”，能让模型在理解一个词的时候，关注到句子里其他相关的词。

合在一起，ChatGPT就是一个“读过海量文本、通过对话的形式、能够生成各种内容”的AI系统。它的本质工作原理简单地说就是“预测下一个词”。

我们输入一段话，它根据这段话预测最可能接在后面的下一个词是什么，然后把这个词加上，再预测下一个词，如此循环往复，直到它觉得该停了为止。

听起来很机械，但神奇的是，当这个“预测下一个词”的过程做到极致，用几千亿个参数，在几万亿个词上训练，它涌现出的能力就远超简单的文字接龙。它能回答问题、能分析推理、能创意写作、能模仿风格，仿佛真的“理解”了语言和知识。这就是ChatGPT的魔力所在，也是整个大语言模型浪潮的核心突破（见图5.4-1）。

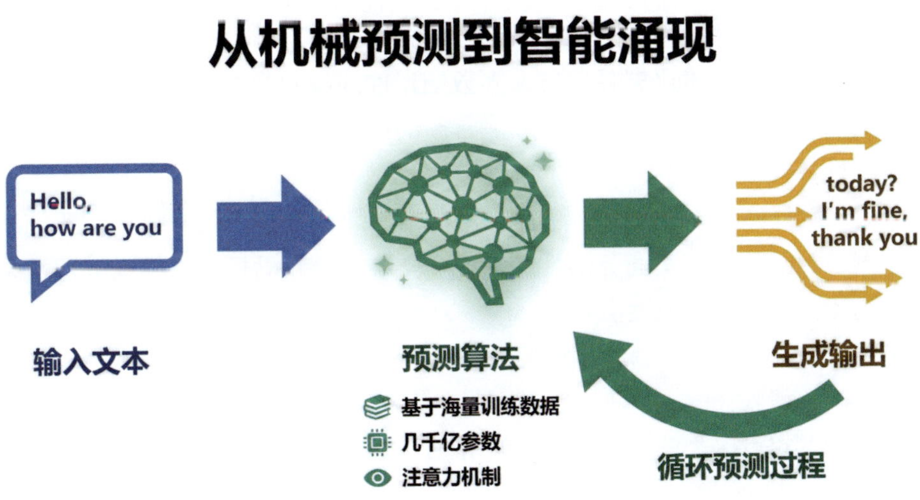

图 5.4-1 大模型预测

它能做什么？

既然说到怎么用，我们先来盘点一下ChatGPT的能力范围（见图5.4-2）。

- 写作助手：可能是最常用的功能。无论是写邮件、写报告、写文案、写演讲稿，还是写小说、写诗歌、写歌词，它都能帮忙。我们可以让它从头写，也可以给它一个草稿让它润色修改。

图 5.4-2　ChatGPT 能力范围

- 知识问答：把它当成一本有问必答的百科全书。历史事件、科学原理、人物介绍、专业术语解释等。大多数知识性问题它都能给出一个相当靠谱的回答。当然，对于非常专业或非常新的内容，它可能会出错，需要人工进行核实。
- 语言翻译：不仅能翻译，还能在不同语言之间保持语气和风格。我们让它把一封正式的英文商务邮件翻译成中文，它会自动用中文的商务习惯来表达，而不是生硬地逐字翻译。
- 代码编程：程序员群体对ChatGPT的热爱超乎想象。它能写代码、能解释代码、能找Bug、能把一种语言的代码转换成另一种语言的代码。对于初学者，它像一个随时在线的编程导师；对于老手，它像一个效率翻倍的副驾驶。
- 分析总结：给它一篇长文章，让它总结要点；给它一堆数据，让它分析规律；给它一个复杂问题，让它拆解成可执行的步骤。它在处理和理解大量信息方面非常在行。
- 头脑风暴：想不出点子的时候，让它帮我们想。“给我十个关于环保主题的活动创意”“这个产品可以从哪些角度来营销”“我这篇论文可以从哪些方面展开”，它不一定每个点子都好，但总能给我们一些启发。
- 角色扮演：让它假装是某个角色，即面试官、客户、老师、辩论对手等，然后和我们互动。这对于练习演讲、准备面试、学习外语都非常有用。

• 日常杂务：取名字、写祝福语、设计菜谱、规划行程、推荐电影等，生活中那些小而烦人的决策，都可以让它帮我们分担。

怎么用最有效？

知道它能做什么之后，更重要的问题是怎么用才能发挥出最大作用？上文中我们讲了通用的提示词技巧，接下来补充几个专门针对ChatGPT的实战经验。

技巧一：把对话当成迭代过程

不要指望一句话就能得到完美答案。ChatGPT的强项恰恰在于它能够基于我们的反馈不断改进。第一轮对话中ChatGPT能给个大概方向，我们需要告诉它哪里需要调整，第二轮对话中它就会根据我们提出的要求进行改进，如此循环两三轮，往往能得到比一步到位好得多的结果。

比如我们让它写一段产品介绍，第一轮对话中可以提出："帮我写一段智能手表的产品介绍。"根据输出结果提出优化需求："太长了，控制在100字以内。"如果效果仍不满意可以继续提出："语气太正式了，活泼一点，像是朋友推荐一样。"若还需完善，可继续提出："很好，再加一句强调它的续航优势。"多轮迭代以后，我们就可以得到比刚开始时更符合心意的内容了。

技巧二：善用"继续"和"更多"

ChatGPT有时候会因为字数限制或者它觉得说完了而停下来，如果我们觉得它讲得还不够，直接说："继续""展开讲讲""再给我五个例子""还有吗？"它就会接着往下说，这个特别适用于头脑风暴、列清单、深入解释等场景。

技巧三：让它换个方式说

有时候ChatGPT的回答在事实上没问题，但是表达方式可能不合我们的心意。与其重新问一遍，不如让它换个方式重新说："用更简单的话解释一遍""假设听众是小学生，用通俗易懂的话再讲一次""把这段话改成表格""用三个要点总结刚才说的"。同样的内容，换种表达形式可能就对受众的胃口了。

技巧四：明确告诉它我们是谁，正在做什么？

ChatGPT的回答风格会根据它"认为"我们是谁来调整。如果我们告诉它一些关于我们的信息，它的回答会更有针对性。比如："我是一个刚入行的产品经理""我的英语水平大概是高考水平""我需要向完全不懂技术的客户解释这个""我在准备一场学术演讲"。这些背景信息会帮助ChatGPT调整回答的难度、专业度和风格。

技巧五：别忘了它能处理长文本

很多人只用ChatGPT做一问一答的任务，却忘了它具有处理长文本的能力。我们可以粘贴进去一整篇文章让它总结，可以把一份合同扔给它，让它筛查风险点，可以把一堆散乱的笔记输入给它，让它整理成大纲。GPT-4版本的上下文窗口可以容纳数万字，这意味着我们可以给它输入非常多的背景材料，然后基于这些材料进行任务处理。

需要注意的坑

说了这么多好处，也得说说缺点。ChatGPT不是万能的，知道它的局限性才能用得更好（见图 5.4-3）。

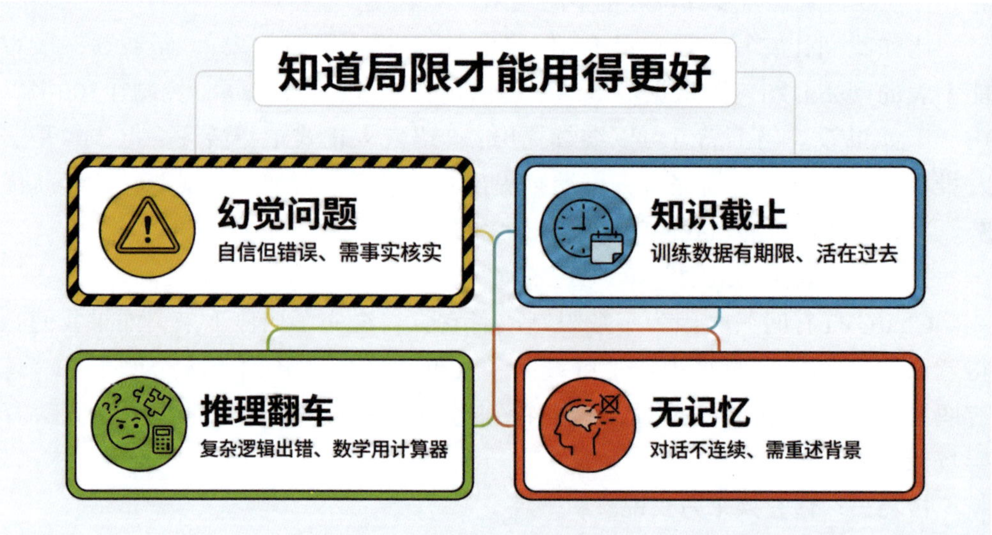

图 5.4-3　ChatGPT 的局限性

（1）它可能会“一本正经地胡说八道”

ChatGPT有时会生成听起来非常自信、结构非常完整，但实际上完全错误的内容。这种现象叫“幻觉”。它不是故意骗我们，只是它的本职工作是“生成看起来合理的文本”，而不是“核实事实”。

所以，对于事实性内容，特别是数字、日期、专业知识等一定要核实。ChatGPT并不是一个权威的信息源。

（2）它的知识有时间截止线

ChatGPT的训练数据有截止日期。它不知道训练之后发生的事情。如果我们问它最近的新闻或者新发布的产品，它可能给出过时的信息，或者干脆承认不知道。有些版本的ChatGPT可以联网搜索来弥补这个问题，但默认情况下它是“活在过去”的。

（3）它没有真正的“记忆”

每次对话，ChatGPT只能记住当前这个对话中的内容。上周我们和它聊过什么，它是不记得的。如果我们希望它记住某些背景信息，要么每次都重新告诉它，要么使用平台提供的记忆功能。

复杂逻辑推理容易翻车

虽然ChatGPT在简单推理上表现不错，但遇到多步骤、多条件的复杂逻辑问题，它经常会绕晕自己。

最后，它是工具，不是答案

ChatGPT是一个极其高效的起点，但不是终点。让它帮我们起草初稿，但我们要审核和修改；让它帮我们解释概念，但我们要消化和理解；让它帮我们出点子，但我们要判断和选择。它放大了我们的能力，但不能代替我们的判断。学会和ChatGPT合作，就像学会和一个知识渊博但偶尔犯迷糊的实习生合作。我们指导它，它协助我们；我们负责决策，它负责执行；我们掌舵，它划船。这种人机协作的能力，会成为AI时代每个人的必修课，而现在，我们已经迈出了第一步。

5.5　AI 绘画工具推荐

人人都是艺术家的时代

看到别人拿起笔，唰唰几下就能画出漂亮的插图，我们都会心生羡慕。但现在情形不同了，在各种AI绘画工具的加持下，画画这件事已经不是一件必须掌握专业技能和工具才能做的事，任何人只要会说话，就能使用AI绘画工具帮我们画画。

在这个AI时代，“会画画”这件事的门槛已经被降到最低，任何人都可以成为艺术家。

主流AI绘画工具一览

目前市面上的AI绘画工具已经相当丰富，各有特色。接下来给大家介绍几个最值得关注的工具。

Midjourney

Midjourney的特点是生成的图片艺术感极强，色彩、光影、构图都有一种“大片感”。无论是写实风格还是插画风格，出图质量都相当惊艳。很多商业设计师已经把它作为日常工作的一部分。

使用方式稍微有点特别，我们需要在Discord（一个聊天软件）里使用它。加入Midjourney的官方服务器，在聊天框里输入“/imagine”加上我们的描述，它就会给我们生成图片。

Stable Diffusion

如果我们喜欢折腾、追求极致的自定义能力，Stable Diffusion是最佳选择。它是开源的，这意味着它是完全免费的，而且我们可以在自己的电脑上运行，不用担心隐私问题。更重要的是，全球开发者围绕它创造了无数的扩展插件和微调模型，想要二次元风格？有专门的模型；想要逼真人像？有专门的模型；想要特定画家的风格？也有。

缺点是门槛相对较高。虽然现在有很多一键安装包，但要想用好它，还是需要花一些时间学习。另外，如果没有一块性能不错的显卡，在本地跑会比较慢。不过别担心，网上也有很多免费的Stable Diffusion在线平台，比如Civitai、Leonardo.ai等，不用本地部署也能用上它的能力。

DALL·E 3

DALL·E是OpenAI出品的图像生成模型，现在已经整合到ChatGPT中。如果我们是ChatGPT Plus用户，可以直接在对话中让它画图。

它的特点是对自然语言的理解能力特别强。我们可以用非常口语化的方式描述我们想要的画面，它都能理解。比如“帮我画一只戴着墨镜在沙滩上弹吉他的柯基”，这种复杂的描述它都能处理得很好。

另一个优势是可以在对话中迭代修改。“眼镜换成红色的”“背景加点椰子树”“整体风格再卡通一点”，我们可以边看边调，效果非常直观。

即梦

即梦（Dreamina）是字节跳动推出的一站式AI视觉创作工具，核心亮点在于对中文语境和审美的高度适配。它将文生图、图生图、风格迁移、视频生成等能力整合在同一平台之中，操作门槛低但创作上限高，特别适合内容创作者、设计新手与短视频从业者快速产出“可直接使用”的视觉内容。即梦强调“创意即生成”，在商业海报、IP插画、短视频画面等实际应用场景中具备极强的落地性。

NanoBanana

Nano Banana是一款以强风格表达和艺术化输出见长的AI图像生成工具，其最大亮点在于对插画、卡通、潮流视觉等非写实风格的精准控制。相比偏向“通用真实感”的模型，Nano Banana更适合做情绪图、概念草图、IP设定和风格探索，深受插画师、视觉设计师和创意实验者喜爱，是“用AI做设计风格研究”的典型工具。

LibLib（国内模型社区与创作平台）

LibLib不仅是工具，更是一个以模型与创作者为核心的AI生态社区。用户可以使用、分享和二次创作大量本土化模型与风格预设，尤其在插画、二次元、商业视觉等领域形成了鲜明特色。LibLib的亮点在于“社区驱动的创作进化”，它让AI不只是生成结果，而是成为设计师交流方法、沉淀风格、构建个人创作体系的平台。

写好提示词的秘诀

AI绘画工具虽然强大，但它也只能是“我们描述什么它就画什么”。如果我们的描述太模糊，它就只能靠猜，结果自然不稳定（见图5.5-1）。

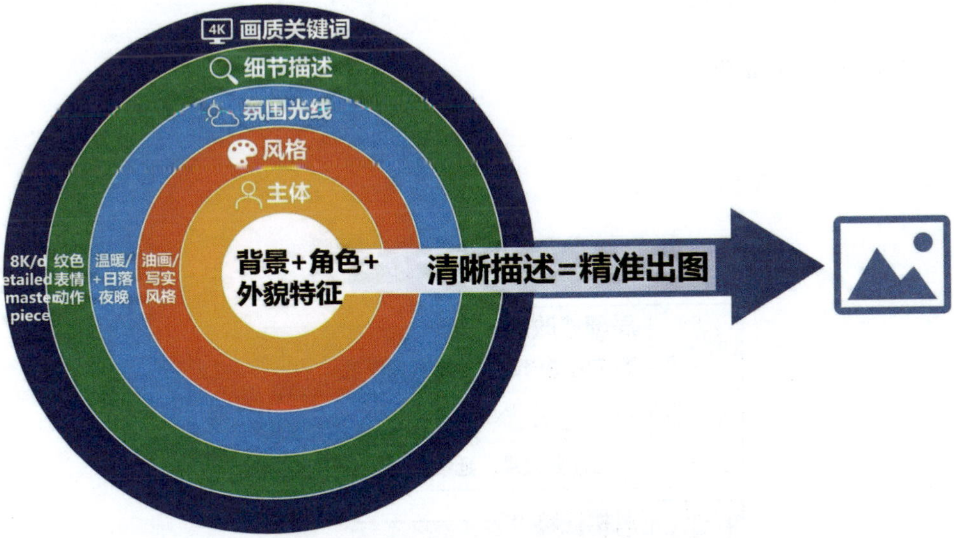

图 5.5-1　文生图提示词结构

好的生图提示词通常包含以下这几个要素：

- 主题：我们想画什么？背景、主要角色、次要角色，以及角色的外貌、服饰和典型特征等，这些都是最核心的信息，直接影响出图的质量。

- 风格：油画、水彩、素描、动漫、写实、抽象等。不同风格呈现的感觉天差地别。
- 氛围/光线：温暖的、冷酷的、梦幻的还是阴郁的？以及环境是日落时分、正午阳光还是夜晚霓虹？光线和氛围决定了图片的情绪。
- 细节描述：根据需要自定义，比如颜色、纹理、表情、动作以及背景元素等，越具体AI自由发挥的空间就越小，结果也就越可控。
- 画质关键词：如果我们想要高质量的图片，可以加上 High quality、Detailed、8K、Masterpiece 之类的词汇。

举个例子来对比一下描述清楚我们的要求有多重要。

模糊版：“一个女孩在森林里。”

清晰版：“一个穿着绿色长裙的年轻女孩，站在阳光斑驳的秋天的森林中，金色的落叶飘落在她周围，她微微仰头闭眼，表情宁静，整体氛围温暖治愈，吉卜力动画风格，柔和的光线，高清细节。”

第一个版本中，AI可能给我们生成任何画风、任何季节、任何氛围的图；第二个版本中，它知道应该往哪个方向走。当然，想要写好提示词需要练习。一开始不用追求完美，先随便写，看看AI能生成什么，然后根据结果进行调整。多试几次，我们就能摸清它的脾性了。

不只是生成，还能编辑

最新一代的AI绘画工具已经不只是“从零生成”那么简单了，它们还能编辑现有的图片（见图5.5-2）。

图 5.5-2　AI 绘图的编辑

- 局部修改：我们可以圈出图片中的某个区域，告诉AI“把这里改成什么样”。比如“把背景的蓝天改成星空”“给这个人换一身红色的衣服”。原图的其他部分保持不变，只改我们指定的地方。
- 扩展画布：如果我们生成了一张构图不错但边缘被裁掉的图，AI可以帮我们“补”出边缘之外的内容，自动延续原图的风格和场景。
- 风格迁移：把一张普通照片变成油画风格、动漫风格、赛博朋克风格等，保留构图和内容，只改变艺术风格。
- 图生图：我们可以上传一张草图或者参考图，让AI基于它来生成新的作品。设计师常用这个功能，先手绘一张粗糙的概念草图，然后让AI把它变成经过渲染的成品。

这些新增的功能让AI绘画工具更加实用，成为可以真正融入工作流的生产力工具。

关于版权问题

AI绘画工具生成的图片，版权归谁，能不能商用？这个问题目前在法律上还没有完全明确，各国的规定也不一样，各个平台的政策也在变化。但一些基本的原则可以参考，大多数AI绘画平台（如Midjourney的付费版、DALL・E 3等）在用户协议中允许商业使用生成的图片，具体条款请务必阅读各平台的最新政策。如果我们的提示词中包含了某个真实艺术家的名字（比如“用梵高的风格画”），生成的作品在版权上可能存在争议，对于涉及真实人物肖像的生成图片，需特别谨慎，即使技术上可行，也可能涉及肖像权问题。如果只是个人娱乐、学习，或者社交分享，通常没有版权争议；如果要商业使用，最好使用允许商用的平台，并且避开敏感内容。技术在快速发展，法律和规则也在跟进。我们需保持关注，保持谨慎，才能享受创作的乐趣。

5.6　AI 音频、视频创作工具介绍

当声音和画面也被AI接管

AI不仅可以生成静态的图片，还能让图片动起来、能说话、能唱歌、能配音，并能做视频。当下AI创作的边界正在以惊人的速度扩展。曾经需要专业录音棚才能完成的配音，现在打几个字就能生成；曾经需要视频团队才能拍摄的宣传片，现在一个人对着电脑也能完成；曾经需要歌手来演唱的曲目，现在AI也能唱

得有模有样。接下来，我们来看看AI音频和视频创作工具。

音频篇：让AI开口说话、唱歌

AI具备强大音频生成能力，可进行语音合成、唱歌、音乐创作和声音克隆，大幅降低创作门槛。文字转语音功能可将文本快速转为专业主播般流畅自然的语音，适用于新闻播报、有声读物和视频配音。音乐生成功能让零基础用户也能创作多样风格旋律。声音克隆技术能精准复刻特定人声，实现生动个性化的声音再现（见图5.6-1）。

图 5.6-1　AI 音频创作

（1）文字转语音：给我们的文字配个专业主播

还记得早期的机器人语音吗？生硬、冰冷，一听就知道不是人的声音。那个时代已经彻底过去了，现在的AI语音合成已经能以假乱真。我们输入一段文字，选择一个音色，AI就能用自然流畅的语调读出来，带有恰当的停顿、重音甚至情感起伏。

接下来介绍几个值得尝试的语音合成AI工具。

- ElevenLabs：目前公认的效果最好的英文语音合成工具之一。音色自然，情感丰富，还支持“声音克隆”，我们可以上传一段自己的录音，AI就能学会用我们的声音说任何话。这个功能用来给自己的视频配音非常方便，不用每次都重新录了。
- 微软Azure语音：支持多种语言和方言，中文效果尤其不错。有免费额度可以试用，很多有声书、新闻播报类应用都在用它。
- 剪映/CapCut：如果我们用剪映做视频，它自带的AI配音功能已经相当够用了。选择“AI朗读”，挑个喜欢的音色，粘贴文案，几秒钟就能生成。而且免费，操作简单，适合轻量级需求。

- 通义听悟/科大讯飞：国内老牌语音技术厂商，中文支持全面，各种方言、各种场景均有覆盖，商用场景应用得比较多。

（2）AI音乐生成：不会乐器也能作曲

这是最让人惊叹的领域之一。我们不需要懂五线谱，不需要会任何乐器，只需要用文字描述我们想要的音乐风格，AI就能帮我们创作出一首完整的歌曲，包括旋律、编曲，甚至人声演唱。

- Suno：目前最火的AI音乐生成工具。我们输入一段歌词，或者让它帮我们写歌词，选择风格（如摇滚、爵士、流行、民谣等），它就能生成一首完整的歌曲，有唱、有伴奏、有结构。
- Udio：Suno的主要竞争对手，在音质和音乐性上各有千秋。有些人觉得Udio的声音更“高级”一些。两个都可以试试，看我们更喜欢哪个。
- 网易天音/TME音乐创作助手：国内的音乐AI工具，对中文歌曲的支持更好，也更符合国内用户的使用习惯。

以上这些工具都有免费的额度可以体验。如果我们按捺不住想要成为音乐制作人，那就赶快去试试吧。

（3）AI变声与声音克隆：让任何人说任何话

除了从零生成语音，AI还能改变已有的声音。当我们录了一段话，但觉得自己的声音不够有磁性。AI可以帮我们换个更好听的音色，同时保留我们说话的节奏和语气。或者我们想用某个特定的声音（比如模仿某个名人），但又不可能请到本人，只要有几分钟的音频样本，AI就能克隆出那个声音，然后说出我们想说的话。

这个技术很酷，但也很危险，我们能想象它被滥用的可能性。所以大多数平台都有严格的使用限制，禁止在未经他人同意的情况下克隆他人声音。

对于普通用户，最合理的用途是克隆自己的声音，用于配音、有声内容创作等场景，省时省力，效果稳定。

视频篇：用几张静态图生成完整视频

AI拥有卓越的视频生成能力，能够利用多张静态图像作为素材，通过先进的深度学习算法，自动补全中间帧并生成流畅且视觉连贯的完整视频。这一技术不仅节省了大量人工制作成本，还极大地提升了内容创作的效率与质量（见图5.6-2）。

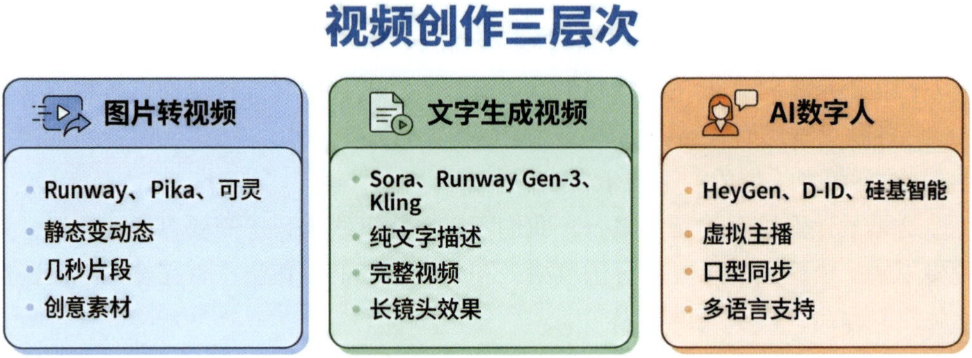

图 5.6-2　AI 视频创作

（1）图片转视频：让静态图片动起来

假如我们刚才用Midjourney生成了一张漂亮的风景图，现在想让图片里的云朵飘起来，树枝摇晃起来，那么图生视频AI就可以帮我们实现。

- Runway：视频AI领域的先驱。它的Gen系列模型可以把静态图片变成几秒钟的视频片段。我们上传一张图，告诉它我们想要什么样的运动（如镜头推近、人物转头、树叶摇曳等），它就能生成一段平滑的动态视频。
- Pika：这是一款和Runway类似的产品，操作更简单一些。只需上传图片，输入描述，等几分钟就出片。
- 可灵/即梦/Vidu：国内的图生视频工具，快手、字节、生数科技分别推出的产品。中文支持好，使用方便，效果也在快速提升中。

这些工具生成的视频目前通常只有几秒钟，而且复杂运动的效果还不太稳定。但是作为视频片段、社交媒体内容，或者创意素材，已经非常实用了。

（2）文字直接生成视频

这是目前AI视频领域最前沿的研究目标。我们只需要输入一段文字描述，比如“一只金毛犬在草地上奔跑，慢动作，阳光明媚，电影质感”，AI就能生成一段对应的视频。不需要我们拍摄，也不需要素材。主流的能够直接通过文字描述生成视频的工具有下面几个。

- Sora：OpenAI发布的视频生成模型，发布时展示的效果震惊了整个行业。长镜头、复杂场景、逼真的物理运动等惊艳效果。很多人看完Demo后的第一反应是“这是真的吗”。
- Runway Gen-3：Runway的最新模型，效果也相当惊艳。相比Sora更早可用，很多创作者已经在用它做实际项目了。

- 可灵：快手推出的视频生成模型，在某些场景下的效果甚至能和国际顶尖产品掰手腕，而且对国内用户更友好。

AI实在发展太快了，几乎每隔几周就会有新的模型发布和新的效果突破。我们应该对AI领域保持持续关注。

（3）数字人：AI虚拟主播

想做视频但不想露脸，或者我们想要一个24小时不知疲倦能够帮我们一直卖货的主播，那么AI数字人就可以帮我们。我们只需要输入文案，选择一个虚拟形象，AI就能够生成一个“真人”对着镜头讲话的视频。口型可以对得上，表情自然，背景也可以自定义。

- HeyGen：目前最主流的AI数字人工具之一。可以选择平台提供的虚拟形象，也可以上传自己的照片/视频来创建专属数字分身。支持多种语言，还能自动翻译配音，我们用中文录一段，它能帮我们转成英语、日语、法语版本，口形都对得上。
- D-ID：类似的产品，操作简单，适合快速生成短视频。
- 硅基智能/闪剪：国内的数字人工具，中文支持更好，价格也更亲民。电商直播、知识付费领域已经在大规模使用了。

（4）一个完整的AI视频创作流程

如果我们现在已经掌握了几个基础的工具，但是还不知道怎么把这些工具应用在实际的视频创作中，那么接下来给大家一个可以直接执行的步骤清单（见图5.6-3）。

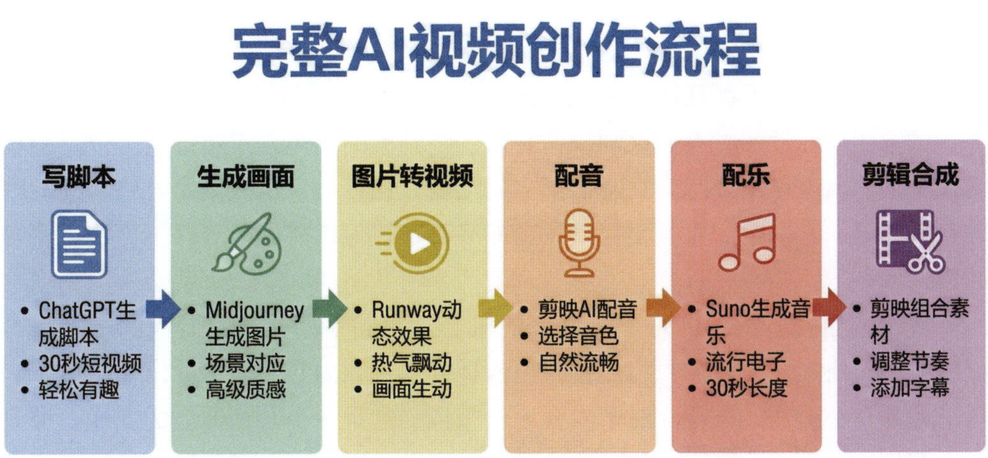

图 5.6-3　完整 AI 视频创作的流程

第一步：写脚本

打开ChatGPT输入："帮我写一个30秒的短视频脚本，主题是介绍我们新推出的智能咖啡机，要求风格轻松有趣，适合发在抖音上。"几秒钟之后，我们就有了一个结构完整的脚本。

第二步：生成画面

根据脚本的每个场景，用Midjourney或其他AI绘画工具生成对应的图片。比如"一杯冒着热气的咖啡特写，温暖的光线，高级质感"。

第三步：用图片生成视频

把生成的图片放进Runway或可灵，让静态图变成动态视频片段。咖啡的热气飘动起来，画面立刻就活了。

第四步：配音

把脚本文案粘贴到剪映的AI配音功能中，选一个合适的音色，生成配音。

第五步：配乐

用Suno生成一段符合氛围的背景音乐，比如"轻快的流行电子乐，适合产品广告，30秒"。

第六步：剪辑合成

在剪映或其他视频编辑软件里，把视频片段、配音、背景音乐组合起来，调整节奏，添加字幕，即可搞定。整个过程可能只需要几十分钟，而且不需要任何拍摄设备，不需要专业配音员，也不需要音乐版权费用。

这些工具会取代专业人士吗？

每当新技术出现，这个争论就会浮出水面。可以确定的是AI工具不会取代专业人士，但会取代不愿意使用AI工具的专业人士。

就像相机的发明没有消灭画家，它改变了画家的工作方式和价值定位。AI音视频工具的出现也是如此，它降低了入门门槛，让普通人也能做出合格水平的内容；但同时，它也给专业人士提供了新的武器，让他们能做出更好、更快、更多的作品。

对于普通人来说，这是一个巨大的机会。我们不需要成为专业的配音员、摄影师、作曲家、剪辑师，也能创作出像样的音视频内容。表达的门槛降低了，每个人都有了更强的声音。对于专业人士来说，这是一个必须适应的变化。那些愿意拥抱AI、学会和AI协作的人，会变得更强大；那些抗拒变化、坚持"纯手工"的人，会发现自己的竞争力在下降。

不管我们是哪一类人，有一点是确定的，了解这些工具，学会使用它们，在这个时代只有好处没有坏处。

5.7　掌握 AI 思维：逻辑 + 结构 + 反馈

比工具更重要的东西

我们介绍了各种AI工具：聊天的、画画的、做音乐的、做视频的，我们可能已经跃跃欲试了。但在我们冲进工具的海洋之前，我们需要明确会用工具和用好工具是两回事。

有太多人兴冲冲地注册了ChatGPT、Midjourney，玩了两天觉得“不过如此”，然后就扔在一边。也有另一些人，用同样的工具，做出了惊艳的作品，解决了实际的问题，甚至改变了自己的工作方式。

那么区别在哪里？不在于谁的电脑更好，不在于谁的英语更棒，甚至不在于谁更懂技术，区别在于思维方式。那些能真正用好AI的人，往往具备一种特殊的思维模式，可以把它总结成了三个关键词：逻辑、结构和反馈（见图5.7-1）。

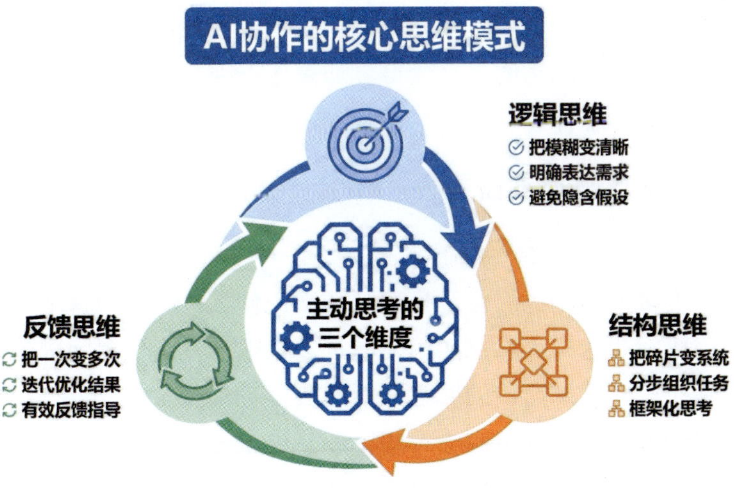

图 5.7-1　AI 思维：逻辑 + 结构 + 反馈

这一节，我们不聊具体工具，聊聊应该如何训练这种思维。

逻辑：把模糊变清晰

人类在交流的时候，很多时候信息是靠“默契”传递的。我们跟朋友说“帮我带杯咖啡”，朋友知道我们喜欢拿铁不加糖，知道我们喜欢热的不要冰的，知道我们要中杯，因为我们不是那种喝大杯的人。这些都不需要说，朋友自然懂，我们这么多年的相处使得我们的很多信息已经被我们的朋友所默认了。

但是AI不是我们的老朋友，所以它并没有和我们相处多年的默契，自然并不知道关于我们的很多信息。因此如果我们想让它帮我们带一杯咖啡，那么就应该老老实实地告诉它：什么类型？什么温度？什么大小？加糖吗？加奶吗？什么品牌？什么时候要？

所以，和AI合作的第一课，是学会把自己脑子里那些模糊的、隐含的、我们默认懂得的想法，变成清晰的、明确的、不会产生歧义的表达。

这其实是一种逻辑训练。比如我们想让AI帮我们写一封邮件。我们脑子里想的是“帮我写封邮件给客户，催一下那个项目”。这话说给同事，同事大概能懂。但说给AI，它会一脸茫然：什么客户？什么项目？催到什么程度？语气要多强硬？因此逻辑清晰的表达应该是：“帮我写一封邮件给某公司的李经理，内容是询问一下上周讨论的网站改版项目的进展，语气要礼貌但是要表达出我们的时间压力，最好能明确请对方在本周五之前给一个反馈。”

后者显然优于前者的地方在于后者把所有隐含的信息都明确描述出来，比如收件人是谁、关于什么事、核心诉求是什么、语气如何以及期望的行动是什么。

这种思维训练的好处不只是让使用AI更顺利，当我们习惯了这样思考问题，我们会发现自己与他人的沟通也会变得更加高效。因为我们学会了一件事，不要假设别人知道我们在想什么。

结构：把碎片化信息变系统

逻辑解决的是“说清楚一件事”的问题，结构解决的是“把多件事组织起来”的问题。很多人用AI的时候，是想到什么说什么，一会问这个一会问那个，东一榔头西一棒槌。这样当然也能用，但是效率很低，而且提问次数一旦变多就容易忘记上下文，导致AI给出的回答并不连贯。

所以更好的方式是带着结构感去使用AI。也就是在我们开口之前，先在脑子里搭一个框架，即我要解决的核心问题是什么？这个问题可以拆成哪几个步骤？每一个步骤需要AI怎么帮我？最后我要把这些部分如何组合起来？

假设我们要用AI帮我们准备一场关于环保主题的演讲，那么缺乏结构感的人会这样说：“帮我写一篇关于环保的演讲稿。”等拿到结果却不满意，又说：“再加点数据。”然后AI修改以后还是不满意，又说：“开头要足够吸引人。”最后结果却又不满意，又说：“能不能短一点？”折腾了半天，最后的结果还是一锅粥。

然而有结构感的人会这样做，先想清楚这场演讲的目的是什么？听众是谁？时长多长？我希望传达几个核心观点？然后再分步骤向AI提出具体需求。

第一步："我要做一场10分钟的演讲，主题是个人如何在日常生活中践行环保，听众是大学生，帮我列一个大纲，包括开场、三个核心观点、结尾。"

第二步（拿到大纲后）："针对第一个观点减少一次性用品，帮我扩展成3分钟的内容，要有具体案例和数据。"

第三步："帮我设计一个吸引人的开场，用一个真实的故事引入。"

第四步："帮我写一个有力的结尾，包含一个呼吁行动的金句。"

最后，把各部分组合起来，微调衔接，完成。后面这种方式把一个大任务拆成了可以管理的小模块，让AI专注处理每个模块，最后再衔接。这种方式不仅效率高，而且结果的质量也更加可控。

这就是结构化思维。它不仅适用于与AI合作，也适用于任何复杂任务的处理。大事化小，分而治之，最后整合，这是人类解决复杂问题的基本策略，在AI时代依然适用的。

反馈：把一次变多次

很多人用AI的方式是追求一次性出结果，甚至要求结果必须完美得无可挑剔。一次不满意，就觉得AI不行。但事实上，AI工作的最佳方式不是"一次到位"，而是"反复迭代"，这就是反馈思维。反馈思维的核心是接受"不完美是正常的"。第一版输出不可能完美，我们的第一版需求描述也不可能完美无缺。这不是任何人的问题，而是复杂任务本身的实质。关键在于我们能不能有效地反馈。类似于"这个不对"的反馈是无效反馈，因为AI也不知道哪里不对；"这个篇幅太长了"才是有效反馈，明确让AI知道要缩短；"语气太正式了，我希望更轻松活泼一些"这是更好的反馈，AI知道调整方向；"第二段的例子很好，但第三段有点跑题，能不能换一个更贴合主题的案例？"这是高质量反馈，体现为具体、可操作、有指导性。

学会给AI反馈，其实也是在训练我们自己的审美和判断能力，我们必须能说清楚什么是好的，什么是不好的，为什么不好，怎样才能更好。这种能力在任何创作和写作中都极其珍贵。

一个综合性案例

接下来，让我们通过一个例子将上面讲到的三种思维串起来。假如我们要用AI帮我们规划一次日本旅行（见图5.7-2）。

图 5.7-2 案例：AI 赋能的日本旅行规划

• 第一步：逻辑思维运用——说清楚需求。

不要上来就直接说“帮我规划一次去日本的旅行”。而是先自己理清楚：什么时候去？几个人去？玩几天？预算多少？喜欢什么类型的活动？有什么必须去的地方？有什么限制条件？

每一个小问题都思考清楚了，我们就可以告诉AI：“我计划今年十月中旬和女朋友去日本玩7天，预算每人15000元左右，我们喜欢自然风景和传统文化，不太喜欢购物，住宿希望舒适但不需要奢华，请帮我规划一条路线。”

• 第二步：结构思维——分步推进。

获得AI的初步路线后，不要试图一次性让它完善所有细节。分模块来提问：“路线整体可以，请帮我细化第三天在京都的安排，包括具体景点、交通方式和用餐建议。”“帮我推荐每个城市2～3家符合条件的酒店，附上价格和特点。”“我们有一天想体验传统文化活动，有什么推荐？”一步步把每个模块做扎实。

• 第三步：反馈思维——持续优化。

“第二天的行程安排太紧了，可以把美术馆去掉，换成在酒店附近散步休息。”“酒店选择的第二家很好，但离车站太远了，能不能换一个交通更方便的？”“整体很棒，最后帮我做一个每日行程的简版清单，方便我打印出来随身带着。”三四轮反馈之后，我们会得到一个高度定制化，符合我们实际需求的旅行方案，这比任何旅行攻略网站的模板都贴合我们的情况。

AI思维的本质

说到底，逻辑、结构、反馈这三种思维，都指向一个共同的本质，即主动思考。AI是被动的，它等我们发问，然后回应。它不会主动问我们“我们到底想要什么”，不会主动帮我们理清思路，不会主动替我们做决定。

所以，我们必须是主动的那一方。我们需要想清楚问题，拆解好任务，给出好的反馈。AI再强大，也只是一个放大器，它放大的是我们输入的质量。输入模糊，输出就模糊；输入清晰，输出才清晰。这种思维能力是可以训练的，每次使用AI的时候，都是一次训练机会。问问自己：我刚才的表达够清楚吗？我有没有把任务拆解好？我的反馈具体吗？慢慢地，我们会发现，我们不仅和AI的协作越来越顺畅，我们解决问题的能力也在提高。因为这些思维方式，本来就是高效处理复杂问题的通用技能。AI没有让思考变得不重要。恰恰相反，它让清晰的思考变得更加重要，也更加有回报。

5.8　AI 时代的关键态度：开放、判断与创造力

工具之上，是我们自己

我们已经讲解了很多“怎么做”：怎么用ChatGPT，怎么用AI画画，怎么用AI做音视频，怎么培养AI思维。接下来聊聊面对AI，我们应该“怎么想”。因为最终决定我们能否在AI时代游刃有余的，不是我们掌握了多少工具，而是我们持有怎样的态度。

工具会更新换代，今天的神器可能明天就过时了。但态度是稳定的内核，它决定了我们面对任何新工具、新变化时的反应模式。在AI时代，至关重要的三种态度就是开放、判断和创造力（见图5.8-1）。

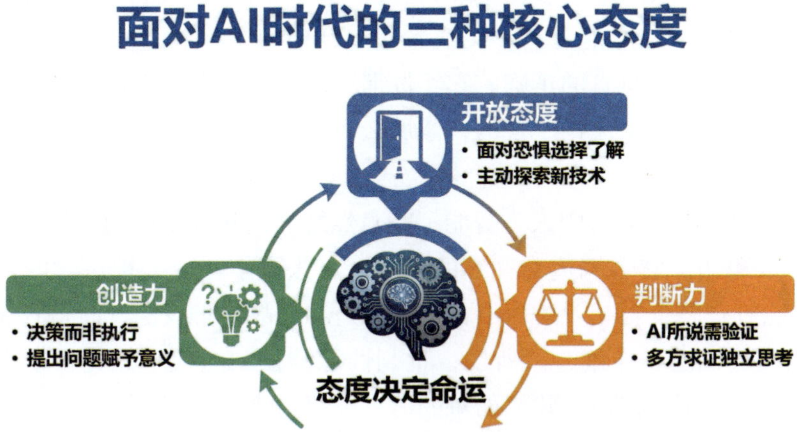

图 5.8-1　面对 AI 时代的关键态度：开放、判断与创造力

开放：别向恐惧低头

每一次技术革命都会引发恐惧。火车刚发明的时候，有人担心高速运动会让人窒息；电话刚普及的时候，有人担心它会让人们不再见面；互联网刚兴起的时候，有人担心它会毁掉下一代。现在轮到AI了。我们听到各种各样的担忧：AI会让我们失业、AI会让人类变笨、AI会被坏人利用、AI会失控统治世界等。

这些担忧并非毫无道理。每一项强大的技术都有被滥用的风险。但担忧是一回事，因为担忧而拒绝了解是另一回事。一些人，因为害怕AI“太复杂”，所以从不尝试；因为担心AI“有问题”，所以刻意回避；因为觉得AI“和我没关系”，所以置身事外。该来的变化还是来了，只是他们变成了被动适应的那一方。

开放的态度意味着我不需要立刻接受所有关于AI的宣传，但我愿意亲自去了解、去尝试、去形成自己的判断。我可以保持警惕，但不会让恐惧关上我探索的大门。事实上，我们现在读这本书就已经体现了这种开放的态度，我们没有选择逃避，而是选择了解，这本身就是一个很棒的起点。

保持这种开放，技术会继续发展，新的工具会不断出现。每一次面对陌生的新事物，都问问自己，我是在基于了解做判断，还是在基于恐惧做逃避？

判断：AI说得不一定对

保持开放的态度不等于轻易相信，这是很多初学者最容易犯的错误。第一次使用ChatGPT的人，常常会有一种被震撼的感觉，这玩意怎么什么都知道啊！无论问什么问题，它都能侃侃而谈，而且说得头头是道。于是就有一些人开始无条件信任它，把它当成了无所不知的神器。

这相当危险，大家一个关于AI的重要事实是它说得好听，不代表它说得都对，AI语言模型的核心能力是“生成看起来合理的文本”。注意这个定义只是“看起来合理”，不是真的正确。它经过训练，学会了人类语言的模式和风格，所以生成的内容读起来流畅、自信，像那么回事。但这种流畅和自信，与内容是否准确没有必然联系。“知道”与“好奇”、“知道”与“理解”、“知道”与“感质”在AI人工智能与HI人工智能、NI自然智能之间并不能划等号。

AI也会犯错。它会编造不存在的事实，会张冠李戴，会把过时的信息当作最新的，会在逻辑上自相矛盾而不自知。不是AI在故意骗我们，而是它真的分不清自己是在回忆还是在编造。所以，批判性思维在AI时代不是变得不重要了，而是变得更重要了。以前，我们面对的信息来源主要是书籍、新闻、专家、朋友等。我们知道人会犯错，所以我们会多方求证。现在，我们多了一个信息来源，即AI，它说话更流利、更自信、更不知疲倦。但它同样会犯错，而且错误更难察觉，因为它太擅长包装了。

正确的态度是把AI当作一个博学但不靠谱的朋友。它知道的东西很多，但它说的话我们得自己验证。重要的信息，去查原始来源；专业的判断，去问真正的专家；做决定之前，用我们自己的脑子过一遍。这种判断力不仅适用于AI，也适用于这个信息过载时代里所有的信息来源。AI只是让培养这个能力变得更加紧迫而已。

创造力：AI代替不了的东西

最后，也是最重要的——创造力。很多人担心AI会让人类变得没有价值。毕竟，如果写作AI能写、画画AI能画、编程AI能编、音乐AI能作，那人类还能干什么？这个问题的答案藏在一个关键的能力分工里，即AI能做的是执行，人类要做的是决策。AI可以画一幅画，但它不能决定这幅画应该画什么主题、传达什么情感、给谁看。AI可以写一篇文章，但它不能决定为什么要写这篇文章、要解决什么问题、要对世界产生什么影响。AI可以生成无数个选项，但它不能替我们选择哪一个是对的、是好的、是我们真正想要的。

这些“为什么”“要不要”“好不好”的问题，是AI回答不了的。因为它们不是知识问题，而是价值问题、审美问题、意义问题。这就是创造力真正的意义，不是从零开始画一幅画的能力（这种能力正在被AI替代），而是决定要画什么、为什么要画、画了有什么用的能力。换句话说，创造力是提出问题的能力，而不仅是解决问题的能力。

AI的存在反而让这一点变得更清晰了。当执行层面的工作越来越多地被AI承担，那些无法被自动化的能力，提出好问题、做出好判断、赋予事物意义，就变得越来越珍贵。

所以，不要害怕AI会取代我们的创造力。相反，好好培养它。多问“为什么”，多想“如果”，多琢磨“什么才是真正好的”。这些思考是AI帮不了我们的，也是我们在这个时代最宝贵的资产。

态度比技能更持久

再过十年，今天的AI工具可能都已经被淘汰了。ChatGPT可能变成一个历史名词，Midjourney也可能被某个更强大的后来者所取代，我们今天觉得神奇的功能站在未来的视角看来可能就变成了默认配置。

但是，我们对待技术革新的态度永远不会过时。保持开放态度的人，会继续拥抱新技术带来的可能性；有判断力的人，会在技术的洪流中保持清醒独立，不被裹挟；而有创造力的人，则会在新技术的基础上创造出新的价值。

这三种态度，不仅能让我们在AI时代活得更好，也能帮我们在任何变化的时代都活得更好。因为它们的本质是面对未来时的勇气、处理信息时的智慧、定义意义时的主动权。

这才是我们真正需要学习的东西。工具只是手段，而态度才是稳定的内核。有了端正的态度，什么样的工具来了，我们都可以用好它。